U0376827

生物技术类专业规划教材
编审委员会

主 任 委 员：王红云

副主任委员：张义明　杨百梅　赵玉奇　陈改荣　于文国

委　　　　员：（按姓氏汉语拼音排序）

卞进发　蔡庄红　陈改荣　陈剑虹　程小冬

高　平　高兴盛　胡本高　焦明哲　李文典

李晓华　梁传伟　刘书志　罗建成　盛成乐

孙祎敏　王红云　王世娟　杨百梅　杨艳芳

于文国　员冬梅　藏　晋　张苏勤　张义明

赵玉奇　周凤霞

教育部高职高专规划教材

细胞生物学基础

第二版

员冬梅　主编
李晓文　主审

化学工业出版社

·北京·

　　本书以真核细胞的结构与功能为主线，从细胞的显微、亚显微和分子水平三个结构层次系统地阐述了现代细胞生物学的基本内容，突出了细胞是生命的载体，是生命科学研究的核心和归宿。全书共分十一章：绪论，基本知识概要，细胞膜与细胞表面，细胞质基质与细胞内膜系统，线粒体和叶绿体，细胞核，核糖体，细胞骨架，细胞增殖及其调控，细胞分化、衰老与凋亡，以及细胞工程简介。

　　全书内容新颖，既突出高职高专"基础、必需、够用"的特性，又重视联系学科前沿，理论联系实际。在内容安排上体现良好的教学实用性，注重知识的循序渐进及连贯性，在介绍细胞形态结构的基础上，阐述细胞各种生命活动过程，使学生理解生命的本质和细胞生物学在生命科学中的重要地位。本书语言精练、流畅，深入浅出，重点突出，图文并茂，可读性强。

　　本书可供高职高专生物技术类各专业以及农林院校、医学院校专科学生使用，也可供相关科研人员参考。

图书在版编目（CIP）数据

细胞生物学基础/员冬梅主编. —2版. —北京：化学工业出版社，2011.8 （2024.7重印）

教育部高职高专规划教材

ISBN 978-7-122-11863-9

Ⅰ. 细… Ⅱ. 员… Ⅲ. 细胞生物学-高等职业教育-教材 Ⅳ. Q2

中国版本图书馆 CIP 数据核字（2011）第 139697 号

责任编辑：张双进　陈有华　蔡洪伟　　　　　文字编辑：张春娥
责任校对：徐贞珍　　　　　　　　　　　　　装帧设计：于　兵

出版发行：化学工业出版社（北京市东城区青年湖南街 13 号　邮政编码 100011）
印　　装：河北延风印务有限公司
787mm×1092mm　1/16　印张 11　字数 257 千字　2024 年 7 月北京第 2 版第 11 次印刷

购书咨询：010-64518888　　　　　　　　　售后服务：010-64518899
网　　址：http://www.cip.com.cn
凡购买本书，如有缺损质量问题，本社销售中心负责调换。

定　　价：30.00 元
版权所有　违者必究

前　言

　　本书在保持第一版内容精练、突出"基础"等优点的基础上，根据细胞生物学研究的发展现状，进一步优化了教材内容、完善了知识体系、体现了高职层次特点。修订后注重体现以下特点：

　　（1）内容的科学性、先进性。注意体现时代精神，反映国内外研究的最新成果，重视学科前沿在教材中的渗透。

　　（2）良好的教学适用性。积极汲取细胞生物学精品课程建设的成功经验，内容取舍得当，篇幅适宜，教学适用性强。

　　（3）良好的可读性。本书语言精练、流畅，深入浅出，重点突出，重视基础理论与实际问题的结合。

　　（4）插图精美，图文并茂。本书修订和完善了第一版的图片，增加了新的图表，丰富了插图，有利于学生对知识的理解和掌握。

　　本教材可供高职高专生物技术类各专业以及农林院校、医学院校专科学生使用，同时也可作为相关领域科研人员的参考书。

　　本书由员冬梅主编。第一章、第四章、第五章、第七章、第十章、第十一章由三门峡职业技术学院王小国、梁红艳修订；第二章、第三章、第九章由三门峡职业技术学院员冬梅修订；第六章、第八章由漯河职业技术学院徐启红修订。

　　由于编者水平有限，不妥之处在所难免，恳请广大读者和专家批评指正。

编者

2011 年 5 月

第一版前言

　　细胞生物学是研究细胞生命活动规律的科学，是生命科学的重要基础学科。本学科自19世纪60年代建立以来，在细胞显微、亚显微、分子水平三个结构层次上研究细胞的结构和功能，揭示生命奥秘并取得了一系列突破性进展，已成为现代生命科学发展的重要支柱之一。细胞生物学不仅是遗传学、生物学、生物化学、分子生物学等研究的重要手段，而且与农业、林业、医药业的发展也有着密不可分的关系，它在解决人类所面临的重大问题，促进经济和社会的发展中发挥着重要的作用。

　　《细胞生物学基础》是高职高专院校生物技术类专业的基础课，是生物技术及应用、生物实验技术专业的核心课程。其重点是介绍细胞生物学的基本知识及应用，为后续课程的学习奠定基础。但是，目前中国出版的细胞生物学教材多是供综合大学、农林院校、医学院校的本科生和研究生使用，尚缺乏高职高专院校配套使用的教材。随着高职高专生物技术、生物制药、食品工程及相关专业的迅猛发展，与之相适应的高职高专教材建设已迫在眉睫，为此，我们组织从事本专业教学和科研的工作人员，经过一定的研究与探索，并借鉴国内外相关科研成果，编写了这本教材，以适应相关专业的教学需要。

　　本教材以教育部《关于加强高职高专教育人才培养工作的意见》和《关于加强高职高专教育教材建设的若干意见》的精神为指导，依据高职高专生物技术类各专业人才培养目标的要求，以应用为主旨，坚持"必需、够用"的原则，编写中力求简明扼要、内容新颖、图文并茂，既重视基础性和科学性，又适应高职高专发展方向，具有以下特点。

　　1. 本教材在内容取舍上进行了精心的选择，突出"基础、必需、够用"，注意与生物技术类各专业相关课程的衔接，并兼顾学生的可持续发展。凡标有"＊"的为选学内容。

　　2. 本教材以真核细胞的结构与功能为重点，突出现代细胞生物学最主要的基本内容，由表及里、由结构到功能，按自然的内在联系和学生的认知规律编写。

　　3. 各章对细胞的主要结构与功能的阐述，由浅入深。一般由显微、亚显微到分子水平，分层次进行介绍，并尽量联系学科的前沿，介绍较先进的科学理论。

　　4. 注重理论联系实际，突出细胞生物学知识在工农业生产及实际生活中的应用。

　　5. 每章开始设有"学习目标"，章后有针对关键性问题提出具有启发性的思考题，以引导学生掌握重点知识，提高分析能力。

　　6. 注意可读性，文字简明扼要，深入浅出，图文并茂。

　　7. 编写内容力求创新，重视学科发展动态，采用"相关链接"的方式增添课外阅读资料，拓展知识层面。

　　本教材可供高职高专生物技术类各专业以及农林院校、医学院校专科学生使用，同时也可作为相关领域科研工作人员的参考书。

　　本教材第一章、第四章、第五章、第七章由三门峡职业技术学院员冬梅编写；第二章、第三章由石家庄职业技术学院郭英编写；第六章、第八章由漯河职业技术学院徐启红编写；第九章、第十章由安徽化工学校江霞编写；第十一章由三门峡职业技术学院梁红艳编写。在本书编写过程中，曾得到有关院校领导和专家的大力支持和帮助，郑州大学李晓文教授对本书进行了认真的审核，并提出许多宝贵的建议，在此一并表示衷心的感谢。同时，对本书参考文献的所有作者表示衷心的感谢。

由于水平有限，不妥之处在所难免，恳请广大读者和专家批评指正。

编者
2006 年 1 月

目　录

第一章　绪论 ··· 1

一、细胞生物学的研究对象、内容和任务 ·· 1

二、细胞生物学发展简史 ·· 2

三、细胞生物学在生命科学中的地位和作用 ··· 5

思考题 ··· 5

第二章　细胞基本知识概要 ··· 6

第一节　细胞的基本概念 ··· 6

一、细胞是生命活动的基本单位 ··· 6

二、细胞的大小和形态 ·· 7

三、细胞的一般结构和化学成分 ··· 7

四、细胞的基本共性 ··· 11

第二节　原核细胞与真核细胞 ··· 12

一、原核细胞 ··· 12

二、真核细胞 ··· 13

三、原核细胞与真核细胞的区别 ··· 14

第三节　非细胞形态的生命体——病毒 ·· 16

一、病毒的形态、结构和类型 ··· 17

二、病毒的增殖过程 ··· 18

三、病毒的进化地位 ··· 18

思考题 ··· 19

第三章　细胞膜与细胞表面 ··· 20

第一节　细胞膜 ·· 20

一、细胞膜的组成成分 ·· 20

二、细胞膜的结构 ··· 22

三、细胞膜的特性 ··· 23

四、细胞膜的功能 ··· 25

第二节　细胞表面结构 ·· 26

一、细胞外被 ··· 26

二、细胞表面的特化结构 ··· 27

第三节　细胞连接 ··· 28

一、封闭连接 ··· 28

二、锚定连接 ··· 29

三、通讯连接 ··· 31

第四节　物质的跨膜运输和信号传递 ·· 33

　　一、物质的跨膜运输 ··· 33

　　二、细胞通讯与信号传递 ·· 36

　思考题 ·· 39

第四章　细胞质基质与细胞内膜系统 ··· 41

　第一节　细胞质基质 ·· 41

　　一、细胞质基质的概念和组成 ··· 41

　　二、细胞质基质的功能 ··· 42

　第二节　内质网 ·· 43

　　一、内质网的形态结构和类型 ··· 43

　　二、内质网的功能 ·· 45

　第三节　高尔基体 ··· 49

　　一、高尔基体的形态结构 ·· 50

　　二、高尔基体的化学组成 ·· 51

　　三、高尔基体的功能 ··· 51

　第四节　溶酶体 ·· 54

　　一、溶酶体的形态结构及类型 ··· 54

　　二、溶酶体的功能 ·· 56

　第五节　过氧化物酶体 ··· 58

　　一、过氧化物酶体的结构 ·· 58

　　二、过氧化物酶体的功能 ·· 59

　　三、过氧化物酶体与溶酶体的区别 ··· 60

　思考题 ·· 60

第五章　线粒体和叶绿体 ··· 61

　第一节　线粒体 ·· 61

　　一、线粒体的形态结构 ··· 61

　　二、线粒体的化学组成及酶的定位 ··· 63

　　三、线粒体的功能 ·· 64

　　四、线粒体的半自主性和增殖 ··· 71

　第二节　叶绿体 ·· 72

　　一、叶绿体的形状、大小和分布 ··· 72

　　二、叶绿体的结构和化学组成 ··· 72

　　三、叶绿体的功能 ·· 75

　思考题 ·· 80

第六章　细胞核 ·· 81

　第一节　核被膜与核孔复合体 ··· 82

　　一、核被膜 ··· 82

　　二、核孔复合体 ··· 83

　第二节　染色质与染色体 ·· 85

　　一、染色质的组成 ·· 86

　　二、染色质的基本结构单位——核小体 ····································· 87

三、染色质和染色体的关系 ……………………………………………… 88

四、染色体的形态、结构与类型 ………………………………………… 90

五、巨大染色体 …………………………………………………………… 91

第三节　核仁 ………………………………………………………………… 94

一、核仁的超微结构 ……………………………………………………… 94

二、核仁的功能 …………………………………………………………… 95

第四节　核基质 ……………………………………………………………… 96

一、核基质的形态 ………………………………………………………… 96

二、化学组成 ……………………………………………………………… 96

三、核基质的功能 ………………………………………………………… 97

思考题 ………………………………………………………………………… 97

第七章　核糖体 ………………………………………………………………… 98

第一节　核糖体的类型及结构 ……………………………………………… 98

一、核糖体的形态、数目与分布 ………………………………………… 98

二、核糖体的基本类型与成分 …………………………………………… 99

三、核糖体的结构 ………………………………………………………… 100

第二节　核糖体与蛋白质的生物合成 ……………………………………… 101

一、mRNA 与遗传密码 ………………………………………………… 101

二、tRNA 与氨基酸转运 ………………………………………………… 101

三、蛋白质的生物合成过程 ……………………………………………… 102

思考题 ………………………………………………………………………… 103

第八章　细胞骨架 ……………………………………………………………… 104

第一节　细胞膜骨架 ………………………………………………………… 104

一、红细胞的生物学特性 ………………………………………………… 105

二、红细胞质膜蛋白与膜骨架 …………………………………………… 106

三、膜骨架存在的普遍性 ………………………………………………… 107

第二节　细胞质骨架 ………………………………………………………… 107

一、微丝 …………………………………………………………………… 107

二、微管 …………………………………………………………………… 112

三、中间纤维 ……………………………………………………………… 115

第三节　细胞核骨架 ………………………………………………………… 117

一、核基质 ………………………………………………………………… 117

二、染色体骨架 …………………………………………………………… 118

三、核纤层 ………………………………………………………………… 118

思考题 ………………………………………………………………………… 119

第九章　细胞增殖及其调控 …………………………………………………… 120

第一节　细胞周期与细胞分裂 ……………………………………………… 120

一、细胞周期 ……………………………………………………………… 120

二、有丝分裂 ……………………………………………………………… 124

三、减数分裂 ……………………………………………………………… 126

　　第二节　细胞增殖的调控 ………………………………………………………… 129
　　　一、周期蛋白 …………………………………………………………………… 129
　　　二、Cdk 与 Cdk 抑制物 ……………………………………………………… 130
　　　三、细胞周期运转调控 ………………………………………………………… 130
　　思考题 ……………………………………………………………………………… 133
第十章　细胞分化、衰老与凋亡 …………………………………………………… 134
　第一节　细胞分化 ………………………………………………………………… 134
　　　一、细胞分化的基本概念 ……………………………………………………… 134
　　　二、细胞分化的机理 …………………………………………………………… 136
　　　三、影响细胞分化的因素 ……………………………………………………… 137
　　　四、癌细胞的生物学特征及其发生 …………………………………………… 140
　第二节　细胞衰老 ………………………………………………………………… 142
　　　一、Hayflick 界限 ……………………………………………………………… 142
　　　二、衰老细胞的特征 …………………………………………………………… 142
　　　三、细胞衰老的分子机制 ……………………………………………………… 143
　　　四、个体衰老与细胞衰老的关系 ……………………………………………… 145
　第三节　细胞凋亡 ………………………………………………………………… 146
　　　一、细胞凋亡的概念与其生物学意义 ………………………………………… 146
　　　二、细胞凋亡的形态学和生物化学特征 ……………………………………… 147
　　　三、细胞凋亡的分子机制 ……………………………………………………… 149
　　　四、细胞凋亡与衰老 …………………………………………………………… 150
　　思考题 ……………………………………………………………………………… 150
*第十一章　细胞工程简介 …………………………………………………………… 151
　第一节　细胞工程的基本概念 …………………………………………………… 151
　第二节　细胞工程的理论与实践 ………………………………………………… 151
　　　一、细胞培养 …………………………………………………………………… 151
　　　二、细胞融合 …………………………………………………………………… 154
　　　三、染色体工程 ………………………………………………………………… 156
　　　四、胚胎工程 …………………………………………………………………… 158
　　　五、核移植与重组技术 ………………………………………………………… 159
　　思考题 ……………………………………………………………………………… 160
参考文献 ……………………………………………………………………………… 161

第一章 绪 论

【学习目标】
　　了解细胞生物学的研究对象、研究内容与现状、学科体系的产生与发展以及细胞生物学与其他学科的关系。

一、细胞生物学的研究对象、内容和任务

1. 细胞生物学的研究对象和内容

　　细胞生物学（cell biology）是研究细胞生命活动基本规律的科学，是现代生命科学的基础学科之一，其研究对象是细胞。

　　细胞（cell）是除病毒以外的所有生物体的结构和功能的基本单位。过去对细胞的研究，主要是从显微和亚显微两个结构层次对细胞的形态结构、生理功能及其生活史方面进行的研究，称为细胞学（cytology）。随着科学技术的发展以及一些现代物理学、化学、实验生物学技术应用于细胞学的研究，尤其是分子生物学的兴起，使细胞学的研究不断深入、更新与拓展。其研究水平已从显微、亚显微水平深入到分子水平，研究内容已由对细胞结构和功能的描述，发展到从分子水平上探索细胞的结构与生命活动以及细胞与环境之间的相互关系。因此，细胞学已发展成为细胞水平的生物学——细胞生物学。近年来，由于分子生物学研究技术的引入、渗透，使细胞生物学在分子水平上的研究工作取得了深入的进展，因而，当今细胞生物学的研究重点和发展方向是细胞分子生物学。

　　概括地说，细胞生物学是以细胞为研究对象，应用现代物理学、化学、实验生物学、生物化学及分子生物学的技术和方法，从细胞整体水平、亚显微水平和分子水平三个层次上研究细胞的结构及其生命活动规律的科学。其研究内容包括细胞各部分的结构和功能，细胞增殖、分化、衰老与凋亡，细胞信号传递，真核细胞基因表达与调控，细胞起源与进化等。研究的目的不仅在于阐明细胞各种生命活动的现象和本质，而且还要利用和控制其活动现象和规律，为生产实践服务，造福于人类和社会。

2. 细胞生物学的研究任务

　　细胞生物学的研究任务是将细胞整体水平、亚显微水平和分子水平三个层次的研究有机地结合起来，以动态的观点考察细胞及细胞器的结构和功能，全面而深入地解读细胞的各项生命活动。

　　在理论研究方面，采取分析与综合相结合的方法，在细胞显微、亚显微和分子结构三个不同层次上，把结构与功能统一起来进行研究。在形态方面，不仅要描述细胞的显微结构，而且要用新的工具和方法，观察与分析细胞内部的亚显微结构、分子结构以及各种结构之间的变化过程，进而阐明细胞生命活动的结构基础；在功能方面，不仅要研究细胞内各部分的化学组成和新陈代谢的动态，而且还要研究它们之间的关系和相互作用，进而揭示细胞的生长、分裂、分化、运动、衰老与死亡、遗传与变异，以及信号的传导等生命活动的现象和

规律。

在实践应用方面，重视对实际问题的研究。当今蓬勃发展的生物技术就是以细胞生物学为基础的。现代生物技术包括细胞工程、基因工程、酶工程、发酵工程和蛋白质工程等。细胞工程是指应用细胞生物学和分子生物学的原理和方法，通过某种工程学手段，在细胞水平或亚细胞水平上，按照人们的意愿来改变细胞内的遗传物质或获得细胞产品的一门科学技术。用细胞工程生产的一系列产品，如胰岛素、生长素、干扰素等已经产生巨大的经济效益和社会效益。利用细胞融合或细胞杂交技术可产生某种单克隆抗体或因子，可用于一些疾病的早期诊断和治疗。近年来对细胞癌变的研究，推动了对正常细胞基因调控机理的阐明，从而加速对癌细胞本质的认识，将为进一步控制癌细胞的生长提供根本性的防治措施。可见，细胞生物学的进一步研究以及生物技术的开发和产业化发展，将为发展生命科学，解决医药、保健、农业、食品以及环境等方面的实际问题做出更大的贡献。

二、细胞生物学发展简史

细胞生物学是随着科学技术和实验手段的进步逐渐形成和发展起来的。其发展过程大致可以划分为以下四个主要的阶段。

1. 细胞的发现和细胞学说的建立

16世纪末～19世纪30年代，是细胞发现和细胞知识的积累阶段。细胞的发现和显微镜的发明是分不开的。1590年荷兰眼镜制造商詹森（H. Janssen 和 Z. Janssen）制作了第一台复式显微镜，尽管其放大倍数不超过10倍，但具有划时代的意义。1665年英国人胡克（Robert Hooke）用自己设计与制造的显微镜（放大倍数为40～140倍）观察了软木（栎树皮）的薄片，第一次描述了植物细胞的构造，并首次用拉丁文 *cellar*（小室）这个词来称呼他所看到的类似蜂巢的极小的封闭状小室。实际上他所观察到的只是软木组织中死细胞的细胞壁。这是人类第一次看到细胞轮廓，人们对生物体形态的认识首次进入了细胞这个微观世界。此后不久，荷兰学者列文虎克（A. van Leeuwenhoek）用自制的高倍显微镜，先后观察了池塘水中的原生动物、动物的精子、蛙鱼血液中的红细胞、牙垢中的细菌，成为第一个看到活细胞的人。1831年布朗（Robert Brown）在兰科植物的叶片表皮细胞中发现了细胞核。1835年迪雅尔丹（E. Bujardin）在低等动物根足虫和多孔虫的细胞内首次发现了内含物，称为"肉样质"。1836年瓦朗丁（Valentin）在结缔组织细胞核内发现了核仁。至此，细胞的基本结构均被发现。

在19世纪以前，许多学者都致力于细胞显微结构的研究，从事形态上的描述，而对各种有机体中出现细胞的意义一直没有做出理论分析。直到19世纪30年代（1838～1839年）德国植物学家施莱登（Matthias Jacob Schleiden）和动物学家施旺（Theodar Schwann）对此做出了最后结论，首次提出了"细胞学说"（cell theory）。他们明确地指出：细胞是有机体，整个动物、植物这些有机体都是细胞的集合物，它们按照一定的规律排列在动植物体内。即一切动物、植物均由细胞组成，细胞是一切动植物体的基本单位。细胞学说从此为人们所公认。细胞学说的建立，不仅说明了生物界的统一性和共同起源，成为建立生物界进化发展学说的基础，而且也开辟了生物学研究的一个新时期，促使细胞学发展成为一门学科，并且渗透到生物科学的其他分支学科，成为一些学科的基础。因此，细胞学说的创立是细胞学发展史上的一个重要里程碑。恩格斯曾对细胞学说的建立给予了高度的评价，认为它是19世纪自然科学三大发现（细胞学说、达尔文的进化学论、能量转化与守恒定律）之一。

2. 细胞学发展的经典时期

19 世纪 30 年代至 20 世纪初，随着显微技术的改进、生物固定技术和染色技术的出现，细胞学得到了飞速的发展，原生质理论的提出、细胞分裂活动的研究以及重要细胞器的发现等，构成了细胞学发展的经典时期。

（1）原生质理论的提出　　1840 年普金耶（Pukinje）、1846 年冯莫尔（Von Mohl）分别在动物细胞和植物细胞中，也观察到了迪雅尔丹所看到的"肉样质"的东西，冯莫尔将其称为"原生质"（protoplasm）。1861 年，舒尔策（Max Schultze）总结过去研究积累的资料，确定动物细胞中的"肉样质"和植物的原生质本质上是相同的，提出了原生质理论，认为有机体的组织单位是一小团原生质，这种物质在一般有机体中是相似的。1880 年汉斯顿（J. von Hanstein）又提出"原生质体"（protoplast）的概念。因此，细胞的概念发生了变化，认为细胞是由细胞膜包围的一团原生质，分化为细胞核与细胞质。显然这一名词比原来意义的细胞（cell，小室）内涵更加确切，但是，由于"细胞"已被广泛接受，故一直沿用至今。然而，细胞概念的深化，使人们对细胞的研究展现出新的面貌。

（2）细胞分裂活动的研究　　1841 年波兰人雷马克（R. Remak）发现鸡胚血细胞的直接分裂（无丝分裂），使细胞核在细胞分裂中的变化引起了研究者的注意。之后，德国病理学家魏尔啸（R. Virehow，1855）提出了"一切细胞只能来自原来细胞"的著名论断。随后，弗莱明（Flemming）和施特拉斯布格（E. Strasburger）分别在动物和植物中发现并描述了有丝分裂，证实有丝分裂的实质是核内丝状物（染色体）的形成及其向两个子细胞进行平均分配的过程。1883 年范·贝内登（Van beneden）、1886 年施特拉斯布格（E. Strasburger）又相继在动物和植物中发现了减数分裂。至此，细胞分裂的三种类型已经被发现。

（3）重要细胞器的发现　　19 世纪末，人们在观察细胞分裂的同时，也较注意对细胞质的形态观察，相继观察到几种重要的细胞器。如 1883 年范·贝内登（Van beneden）和博费里（Boveri）发现了中心体；1894 年阿尔特曼（Altmann）发现了线粒体；1898 年高尔基（Golgi）发现了高尔基体等。由于上述诸多的发现，使人们对细胞结构的复杂性有了较为深刻的认识。

3. 实验细胞学的发展时期

从 20 世纪初到 20 世纪 50 年代，为实验细胞学的发展时期。这一时期细胞学研究的特点是由对细胞形态结构的观察，深入到对其生理功能、生物化学、遗传发育机理的研究。研究方式是利用 20 世纪的新技术、新方法，采用了实验手段，使细胞学与相关学科相互渗透，从而逐渐形成一些分支学科，特别是这一阶段后期，由于体外培养技术的应用，使实验细胞学得到迅速发展。

1841 年 Albert Kölliker 首先将细胞学说应用到胚胎方面的研究，证实精子也是一种细胞，是由睾丸中的细胞转化的。之后又将这一概念推广到卵细胞。1875 年 O. Hertwig 发现了卵的受精作用是两个原核的融合。1883 年 Van Beneden 发现配子细胞的染色体数为体细胞的一半。1887 年 A. Weismann 提出了所有有性生物中染色体数目一定作周期性减半的学说。同年 O. Hertwig 和 R. Hertwig 用实验的方法研究海胆卵的受精作用和蛔虫卵发育中的核质关系，将细胞学与实验胚胎学紧密结合起来，创立了实验细胞学。

在细胞与遗传方面，魏斯曼（A. Weismann，1883）提出生殖细胞连续性理论，并用此来解释遗传性状的传递，认为遗传性状不是通过体细胞，而是通过性腺中的细胞传递的。这一学说对以后染色体遗传和基因学说的建立具有重要的意义。早在 1865 年孟德尔（Gregor Mendel）就发现了遗传的基本规律，但由于当时对性细胞中细胞学变化不甚了解，无法解释遗传因子的分离和自由组合规律，所以孟德尔的发现被忽视了，直到 1900 年才分别被 3 位从事植物杂交试验的工作者（H. de Vries，C. Correns，E. von Tschermak）再发现。随后，美国的萨顿（W. S. Sutton）和德国的博韦里（T. Boveri）于 1902 年提出了遗传的染色体学说，把染色体的行为同孟德尔的遗传因子联系起来。1910 年摩尔根（T. H. Morgan）做了大量的实验遗传学工作，证明基因是决定遗传性状的基本单位，而且直线排列在染色体上，建立了基因学说，并于 1926 年出版了名著《基因论》。至此，细胞学已与遗传学紧密结合在一起，形成并发展了细胞遗传学。

此后，细胞学的研究与生命科学中的各分支学科相互交叉，成为所有实验生物学研究者，包括胚胎学、遗传学、生物化学、微生物学、病理学等学者共同的任务。这些学者充分利用物理学和化学的一些最新成就，使细胞形态学、细胞化学、生化细胞学及细胞生理学等的研究获得显著进展。在细胞化学和生化细胞学方面，1924 年孚尔根（Feulgen）首创了核染色反应，即 Feulgen 染色法，测定了细胞核内的 DNA。其后，1940 年布勒歇（Bracher）应用昂纳（Unna）染色液，测定了细胞中的 RNA。与此同时，卡斯帕尔森（Caspersson）用紫外光显微分光光度法测定细胞中 DNA 的含量。由于放射性自显影技术和超微量分析等方法的应用，极大地促进了细胞内核酸与蛋白质代谢作用的研究。在细胞生理学方面，本斯莱特等（Bensley 和 Hoerr，1834）和克劳德（Clande，1943）用高速离心机，将线粒体从细胞内分离出来，此后，对线粒体等细胞器的化学组成和生理功能的研究取得了很大的进展。可见，实验细胞学的研究大大促进了细胞学的发展，其内容与内涵也在不断地发展与演变，直至现在还是细胞生物学的重要组成部分。

从 20 世纪 30 年代开始，由于电子显微镜技术的问世，使细胞形态的研究深入到亚显微水平，细胞学逐渐进入发展的新时期。达到了空前的高潮。1933 年 Ruska 设计制造了第一台电子显微镜，其性能远远超过了光学显微镜。从 20 世纪 40 年代以来，特别是 50 年代开始，许多学者应用电子显微镜揭示出惊人的细胞亚显微世界，发现了一些过去在光镜下看不见的细胞器及其结构，如内质网、溶酶体、核糖体；观察到各细胞器的精细结构，如叶绿体、线粒体、高尔基体；解决了许多悬而未决或争议的问题，如质膜的存在与否、高尔基体的形态结构问题等。同时在累积了大量细胞亚显微结构的资料之后，一些学者对细胞功能及其复杂生命现象进行了深入探索。至此，对细胞的研究，已从早期显微水平的形态描述，深入到电镜下亚显微水平结构的研究，进而将细胞结构和功能与其生化生理相结合，加深与拓宽了细胞学的研究，促使细胞学向细胞生物学转变。

4. 细胞生物学的形成和发展

从 20 世纪 60 年代起，细胞学发展成为细胞生物学。细胞生物学是随着分子生物学的发展而兴起的。20 世纪 40 年代，随着生物化学、微生物学与遗传学的相互交叉和渗透，分子生物学开始萌芽。1941 年比德尔（Beadle）和塔特姆（Tatum）提出了"一个基因一个酶"的理论。1944 年艾弗里（Avery）等在微生物的转化实验中证明了 DNA 是遗传物质。1953 年沃森（Watson）和克里克（Crick）提出了 DNA 分子的双螺旋结构模型，奠定了分子生物学的基础。之后，科恩伯格（Kornberg，1956）从大肠杆菌提取液中获得了 DNA 聚合酶，并成功地合成了 DNA 片段；梅塞尔森（Meselson，1958）证明了 DNA 的"半保留复制"；克里克创立了"中心法则"（central dogma，1957）等，这些成就对细胞生物学的形成和发展起了极为重要的作用。尤其是 20 世纪 60 年代以来，DNA 遗传密码的破译、操纵子学说的提出、DNA 重组技术和淋巴细胞杂交瘤技术的发明与应用，以及一批重要的生物大分子、大分子复合物和超分子体系（如受体、离子通道、间隙连接等）的三维结构陆续得到解析等新成就的不断涌现，促进了对细胞在分子水平上的研究，使细胞学的研究由细胞和亚细胞水平深入到分子水平，并将细胞的整体活动水平、亚细胞水平和分子水平三方面的研究有机地结合起来，以动态的观点来研究细胞的结构与功能，探索细胞的各种生命活动以及细胞与环境之间的相互关系，极大地扩展了传统细胞学的研究范围，使其发展为细胞水平的生物学，即细胞生物学。概括地说，细胞学主要是从显微和亚显微两个结构层次研究细胞的结构与功能，细胞生物学是在此基础上，发展到从分子水平上研究细胞的结构与生命活动。

20 世纪 60 年代以来，细胞生物学在分子水平上的研究，逐渐获得了全方位的进展。如细胞膜结构与功能的研究，已知细胞器新功能的发现，活细胞内蛋白质的分选、折叠和定向运输，DNA 的复制与转录、表达调控，细胞骨架，细胞周期的调控等研究均在分子水平上取得了迅速的进展。细胞分化、细胞衰老、细胞死亡等生命现象研究也在基因水平上取得了可喜的成就。

20 世纪 80 年代以来，细胞生物学的主要发展方向是细胞的分子生物学（或称细胞分子生物学），即在分子水平上探索细胞的基本生命规律，把细胞看成是物质、能量、信息过程的结合，并在分子水平上深入探索其生命活动的规律。其中基因调控、信号转导、细胞分化和凋亡、肿瘤生物学等领域成为当前的主流研究内容。

三、细胞生物学在生命科学中的地位和作用

生物界绚丽多彩，复杂多样，生命体是多层次、非线性、多侧面的复杂结构体系。然而细胞是生物体的结构与生命活动的基本单位，有了细胞才有完整的生命活动，对细胞的研究是全面深入地认识各种生命活动的出发点，细胞的知识是生命科学的共同基础知识。正像著名的生物学家 E. B. Wilson（1925）所说："一切生命的关键问题最终都要到细胞中去寻找，因为所有生物体都是或曾经是一个细胞。"由此可见，细胞生物学是现代生命科学的基础学科，并在现代生命科学研究中占有核心地位，成为重要的支柱。生物学中的许多分支学科，诸如形态学、解剖学、分类学、生理学、遗传学、分子生物学和发育生物学等，都要求从细胞水平上来阐明各自领域中生命现象的机制。可以毫不讳言地说，脱离细胞，现代生物学的所有分支学科都将失去意义。由于细胞生物学研究的内容十分广泛，涉及生命现象的各个方面，在其发展过程中细胞学已与许多分支学科有交叉、渗透，以至融合形成一些交叉学科，如细胞遗传学、细胞生理学、细胞病理学、细胞化学及生化细胞学、细胞生态学、细胞分类学等。为此，细胞生物学已成为生物科学中一个极为活跃的研究领域，是一门综合性的新兴基础理论学科，属于现代生命科学的前沿学科。细胞生物学的迅猛发展，必将推动 21 世纪生命科学的整体发展，并对中国医药、环境、生物技术和农业等方面的研究具有重要的实践意义。

思　考　题

1. 细胞生物学的研究对象和内容是什么？

2. 根据你所掌握的知识，说明细胞生物学在生命科学中所处的地位以及与其他学科的关系。

3. 简述细胞生物学发展史的四个阶段的主要特征。

4. 你如何认识细胞学说的重要意义以及当今细胞生物学发展的主要趋势？

第二章 细胞基本知识概要

【学习目标】

1. 理解细胞是生命活动的基本单位。
2. 了解细胞的基本共性及原核细胞、病毒的基本结构和生命活动。
3. 理解真核细胞的基本结构体系。

细胞是生命活动的基本单位，大部分生物体都是以细胞作为基本组成单位。细胞可分为原核细胞与真核细胞两大类，支原体是目前发现的最小最简单的细胞，细菌和蓝藻是原核细胞的典型代表；真核细胞中按照细胞的营养类型，可将大部分真核细胞分为自养的植物细胞和异养的动物细胞。病毒是非细胞形态的生命体，所有的病毒必须在细胞内才能表现出它们的基本生命活动——复制与增殖。

第一节 细胞的基本概念

一、细胞是生命活动的基本单位

自从 17 世纪发现细胞（cell）以后，经过 170 余年才认识到细胞是生物体结构和功能的基本单位，是生命存在的最基本形式和生命活动的基础，即可以概括为：细胞是生命活动的基本单位，可以从以下几方面来理解。

1. 细胞是生物体的基本结构单位

除病毒以外，一切生物体都是由细胞构成的。单细胞生物仅由一个细胞组成，一切生命活动都由这一个细胞来承担，如细菌、衣藻、草履虫等；多细胞生物体一般由数以万计的形态和功能不同的细胞组成，如成人的有机体大约含有 10^{14} 个细胞。在整体中，各个细胞虽然进行分工并各自行使特定的功能，但又相互依存、彼此协作，共同完成生命活动。

2. 细胞是代谢和功能的基本单位

细胞是独立有序、能够进行代谢并可以自我调控的结构与功能体系，每一个细胞都具有一整套完备的装置以满足自身生命代谢的需要。即使在多细胞生物体中，各种组织也都是以细胞为基本单位来执行特定的功能。细胞作为一个开放的系统，不断地与环境进行着物质、能量和信息的交换，同时细胞之间也存在着广泛的联系和通信联络，表现出精细的分工和巧妙的配合，使生物的各种代谢活动有序地进行。例如，当我们在观看物体时，首先是眼球视网膜的感光细胞接受光刺激，产生神经冲动，之后此信号通过神经细胞传递给大脑视觉中枢，从而形成视觉。因此，生物体的一切生命活动都是以细胞为单位来实现的。

3. 细胞是生物体生长和发育的基础

众所周知，多细胞生物都是从一个受精卵分裂、分化而来的，生物体的生长是依靠细胞体积的增大、数目的增加来实现的。因此生物体的生长与发育主要是通过细胞分裂以及细胞分化与凋亡来完成的。

4. 细胞是遗传的基本单位，具有遗传的全能性

生物体的每一个细胞，都包含着全套的遗传信息，经过无性或有性繁殖而延续后代。植物的组织培养、动物的细胞克隆都足以说明细胞具有遗传的全能性，是生物遗传的基本单位。

已有无数的实验证明，任何的破坏细胞结构的完整性都不能使生物持续生存，因此说没有细胞就没有完整的生命，细胞是生命活动的基本单位。

二、细胞的大小和形态

1. 细胞的大小

细胞一般都很小，直径在 $1\sim100\mu m$ 之间，要用显微镜才能观察到。支原体是最小最简单的细胞，直径只有 $100\sim200nm$。大多数动植物细胞在 $20\sim30\mu m$ 之间。鸟类的卵细胞最大，鸡蛋的蛋黄就是一个卵细胞，其卵黄中含有大量的营养物质，可以满足早期胚胎发育的需要。一些植物纤维细胞可长达 10cm，人体有的神经元可长达 1m 以上，这和神经细胞的传导功能相一致。可见，细胞的大小与生物的进化程度和细胞功能相适应。细胞的大小与细胞核质比、细胞的相对表面积以及细胞内物质代谢等有密切关系。细胞的体积越小，其表面积与体积比相对就越大，就越有利于代谢物质出入细胞，加快细胞的新陈代谢。一般来说，多细胞生物体的大小与细胞的数目成正比，而与细胞的大小关系较小。

2. 细胞的形态

细胞的形态多种多样，有球形、星形、扁平状、立方形、长柱形、梭形等。形态的多样性与细胞的功能特点和分布位置有关。如起支持作用的网状细胞呈星形，在血液中活动的白细胞多呈球形，能收缩的肌细胞呈长梭形或长圆柱状，具有接受刺激和传导冲动的神经细胞则有多处突起呈不规则状。这些不同的形状一方面取决于对功能的适应，另一方面也受细胞的表面张力、胞质的黏滞性、细胞膜的坚韧程度以及微管和微丝骨架等因素的影响。

三、细胞的一般结构和化学成分

1. 细胞的一般结构

细胞虽然大小不一、形状多样，但其结构基本相同。细胞由原生质体（protoplast）和细胞壁（cell wall）两部分组成。原生质体是由生命物质——原生质（protoplasm）分化而成的结构，是细胞内全部生活物质的总称。真核细胞的原生质体又可分为细胞膜、细胞质和细胞核三部分；原核细胞的原生质体中，没有明显的细胞质和细胞核的分化。细胞壁是包被在原生质体外侧的保护结构，动物细胞不具细胞壁。这部分内容将在下一节详细介绍。

2. 细胞的化学组成

组成细胞的基本元素是：O、C、H、N、Si、K、Ca、P、Mg，其中 O、C、H、N 四种元素占 90% 以上。细胞化学物质可分为两大类：无机物和有机物。无机化合物主要是水和无机盐；有机化合物包括有蛋白质、糖类、脂类、核酸等。

（1）水和无机盐

① 水。水是细胞生命活动的物质基础，约占细胞质量的 75%～80%。水在细胞中以两种形式存在：一种是游离水，约占 95%；另一种是结合水，通过氢键或其他键同蛋白质结合，约占 4%～5%。随着细胞的生长和衰老，细胞的含水量逐渐下降，但是活细胞的含水量不会低于 75%。

　　水在细胞中的主要作用是溶解无机物、调节温度、参加酶反应、参与物质代谢和形成细胞有序结构等，可以说，没有水就不会有生命。

　　② 无机盐。无机盐在细胞内通常以离子状态存在，常见的阳离子有 Na^+、K^+、Ca^{2+}、Mg^{2+}、Fe^{2+}、Fe^{3+}、Mn^{2+}、Cu^{2+}、Co^{2+}、Mo^{2+} 等；常见的阴离子有 Cl^-、PO_4^{3-}、HCO_3^- 等。

　　细胞中无机盐的含量很少，约占细胞总重量的 1%，但在细胞的结构和维持正常生命活动过程中起着非常重要的作用。各种无机盐离子在细胞中的浓度是相对稳定的，它们除了具有调节渗透压和维持酸碱平衡的作用外，还有许多重要的作用：参与生物大分子的形成，如 PO_4^{3-} 是合成磷脂、核苷酸的成分，Fe^{2+} 是组成血红蛋白的主要成分；参与蛋白质合成和多种酶促反应，如 Ca^{2+}、Cu^{2+}、Mg^{2+}、K^+、Na^+、Cl^- 等是多种酶反应所需的主要离子；维持膜电位，如 Na^+ 等。任何一种无机盐在含量上和与其他无机盐含量的比例上过多或者过少，都会导致生命活动失常、疾病的发生，甚至死亡。

　　(2) 有机物　细胞中有机物达几千种之多，约占细胞干重的 90% 以上，它们主要由 C、H、O、N 等元素组成。有机物中主要由四大类分子所组成，即蛋白质、核酸、脂类和糖。

　　① 蛋白质。在生命活动过程中，蛋白质是一类极为重要的大分子物质，几乎各种生命活动无不与蛋白质的存在有关。蛋白质不仅是细胞的主要结构成分，而且更重要的是，生物专有的催化剂——酶是蛋白质，因此细胞的代谢活动离不开蛋白质。一个细胞中约含有 10^4 种蛋白质，分子的数量达 10^{11} 个。

　　a. 蛋白质的组成单位。蛋白质主要由 C、H、O、N 四种元素组成，多数还含有 S。其基本组成单位是氨基酸，通式为 $H_2N-\underset{\underset{H}{|}}{\overset{\overset{R}{|}}{C}}-C\overset{OH}{\underset{O}{<}}$。组成天然蛋白质的氨基酸约有 20 种，并且都是 L-型的 α-氨基酸，它们分别是精氨酸（Arg）、赖氨酸（Lys）、组氨酸（His）、谷氨酸（Glu）、天冬氨酸（Asp）、丝氨酸（Ser）、苏氨酸（Thr）、天冬酰胺（Asn）、谷氨酰胺（Gsn）、半胱氨酸（Cys）、甘氨酸（Gly）、脯氨酸（Pro）、丙氨酸（Ala）、亮氨酸（Leu）、异亮氨酸（Ile）、甲硫氨酸（Met）、苯丙氨酸（Phe）、色氨酸（Trp）、酪氨酸（Tyr）、缬氨酸（Val）。这二十种氨基酸又可分为链状氨基酸、芳香族氨基酸以及杂环氨基酸。几种氨基酸的结构见图 2-1。

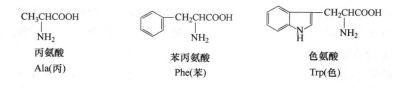

图 2-1　几种氨基酸的结构

　　氨基酸与氨基酸之间可以发生缩合反应，形成的键称为肽键。肽是两个以上氨基酸连接起来的化合物。两个氨基酸连接起来的肽叫二肽（见图 2-2），三个氨基酸连接起来的肽叫三肽，多个氨基酸连接起来的肽叫多肽。多肽都有链状排列的结构，叫多肽链。蛋白质就是由一条多肽链或几条多肽链集合而成的复杂的大分子。

　　b. 蛋白质的结构。蛋白质结构分为一级结构、二级结构、三级结构以及四级结构，呈

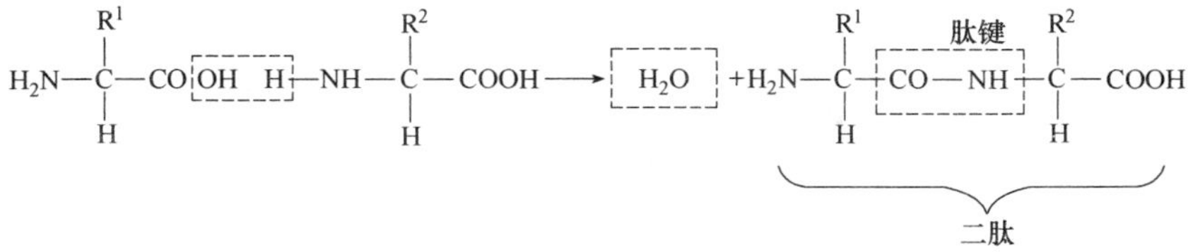

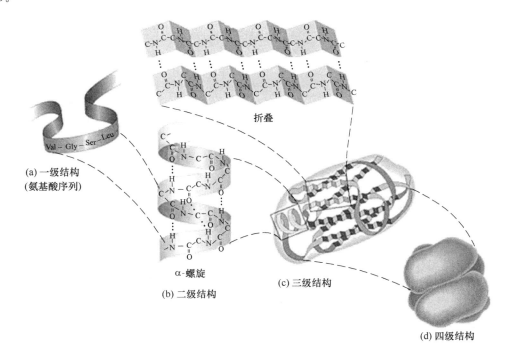

图 2-2　二肽的形成反应式

现多样性。在蛋白质分子中，组成蛋白质的各种氨基酸以一定数目和排列顺序通过肽键（CO—NH）连接在一起形成的多肽链是蛋白质的一级结构。一级结构中部分肽链卷曲（α-螺旋）或者折叠（折叠片）产生二级结构。三级结构表示的是一条多肽链总的三维形状，一般都是球状或纤维状。三级结构的形成主要是由于多肽链中 R 基团间的相互作用。由两条或多条肽链组成的蛋白质，还有四级结构，组成这种蛋白质的各个多肽叫做亚基，四级结构就是依靠各亚基之间形成的键来维持。蛋白质分子的高级结构决定于它的一级结构，其天然构象（四级结构）是在一定条件下的热力学上最稳定的结构。蛋白质的结构及其相互关系见图 2-3。

图 2-3　蛋白质的结构及其相互关系

　　蛋白质的功能多种多样，几乎所有的生命现象都直接或间接地与蛋白质有关。蛋白质结构的千变万化决定了蛋白质的多样性。

　　② 核酸。核酸是一种重要的生物大分子，也是生命的基本物质之一。生物体内存在两大类核酸：脱氧核糖核酸（DNA）和核糖核酸（RNA）。前者主要存在于细胞核中，后者则主要存在于细胞质中。核酸是生物的遗传物质。

　　a. 核酸的组成单位。核酸是由 C、H、O、N、P 等元素组成的高分子化合物。其基本组成单位是核苷酸。每个核酸分子是由几百个到几千个核苷酸互相连接而成。每个核苷酸含一分子碱基、一分子戊糖（RNA 为核糖，DNA 为脱氧核糖）及一分子的磷酸组成（图2-4）。组成 DNA 的碱基有四种：腺嘌呤（A）、鸟嘌呤（G）、胞嘧啶（C）、胸腺嘧啶（T），RNA 的碱基也有四种：A、G、C 以及尿嘧啶（U）。

　　b. 核酸的结构。核酸分子是由单体核苷酸通过 3′,5′-磷酸二酯键聚合而成的多核苷酸长链（图 2-4）。DNA 的空间结构是由两条反向平行的多核苷酸链绕同一中心轴构成双螺旋结构（图 2-5）。其两条方向相反的平行多核苷酸主链向右螺旋；碱基均在主链内侧，依靠碱基之间的氢键形成碱基对，其中 A 与 T 配对、G 与 C 配对。RNA 种类繁多，分子量相对较小，一般以单链存在，但可以有局部二级结构，其碱基组成特点是含有尿嘧啶（U）而不含胸腺嘧啶，碱基配对发生于 C 和 G 与 U 和 A 之间，RNA 碱基组成之间无一定的比例关系，且稀有碱基较多。

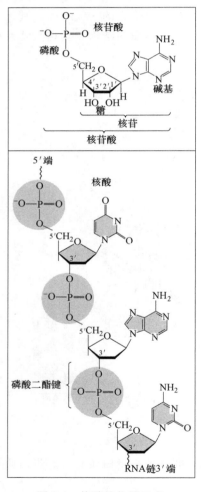

图 2-4　核酸的化学组成

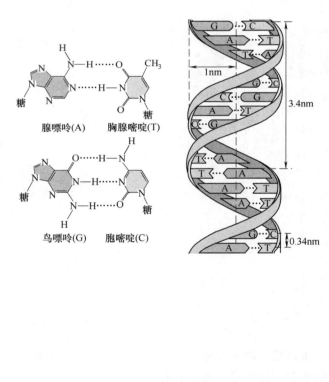

图 2-5　DNA 双螺旋结构模型

　　c. 生物学功能。核酸是遗传信息的载体，存在于每一个细胞中。核酸也是一切生物的遗传物质，对于生物体的遗传性、变异性和蛋白质的生物合成具有极其重要的作用。

　　③ 糖类。糖类是重要的有机化合物之一，其主要组成元素为 C、H、O，部分糖类还含

有 N、S、P 等。细胞中的糖类既有单糖，也有多糖。细胞中的单糖是作为能源以及与糖有关的化合物的原料存在。重要的单糖为五碳糖（戊糖）和六碳糖（己糖），其中最主要的五碳糖为核糖，最重要的六碳糖为葡萄糖。葡萄糖不仅是能量代谢的关键单糖，而且是构成多糖的主要单体。

多糖在细胞结构成分中占有主要地位。细胞中的多糖基本上可分为两类：一类是营养储备多糖（图 2-6）；另一类是结构多糖。作为食物储备的多糖主要有两种，在植物细胞中为淀粉（starch），在动物细胞中为糖原（glycogen）。在真核细胞中结构多糖主要有纤维素（cellulose）和几丁质（chitin）。

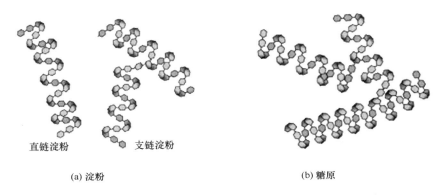

直链淀粉　　　　支链淀粉

(a) 淀粉　　　　　　　　　　　　　　　　　　(b) 糖原

图 2-6　营养储备多糖结构示意

④ 脂类。脂类主要由 C、H 两种元素以非极性共价键组成，其分子都是非极性的，不溶于水，但溶于乙醚、氯仿、丙酮等非极性有机溶剂。脂类主要包括脂肪、类脂、类固醇等。

a. 脂肪。也叫中性脂，一分子脂肪是由一个甘油分子中的三个羟基分别与三个脂肪酸的末端羧基脱水生成酯键形成的。脂肪是动植物体内的储能物质，当体内碳水化合物、蛋白质或脂类过剩时，即可转变成脂肪储存起来。脂肪为能源物质，氧化时可释放出比糖或蛋白质高 2 倍的能量。

b. 类脂。包括磷脂和糖脂，这两者除了包含醇、脂肪酸外，还包含磷酸、糖类等非脂性成分。含磷酸的脂类衍生物叫做磷脂，含糖的脂类衍生物叫做糖脂。磷脂和糖脂都参与细胞结构特别是膜结构的形成，是脂类中的结构大分子。

c. 类固醇。又叫甾醇，是含有四个碳环和一个羟基的烃类衍生物，其中胆固醇是构成膜的成分。另一些甾类化合物是激素类，如雌性激素、雄性激素、肾上腺激素等。

四、细胞的基本共性

尽管细胞在外观及生理功能上千差万别，但所有的细胞具有相似性，其表现为：

1. 具有细胞膜

所有的细胞表面均有由一层脂类和蛋白质组成的生物膜，称为细胞膜（cell membrane）。细胞膜的存在，使细胞与周围环境保持相对的独立性，并形成相对稳定的细胞内环境。在细胞与周围环境进行物质交换和信号传递过程中起着决定性作用。

2. 具有 DNA 或 RNA

DNA 或 RNA 是细胞内重要的遗传物质。在真核细胞中，DNA 被包裹在细胞核内，而原核细胞的 DNA 是裸露的，没有核膜包裹，称为拟核。DNA 是遗传信息的载体，能够被转录成 RNA，进行蛋白质的合成。

　　3. 具有核糖体

　　一切细胞内均存在着合成蛋白质的基本结构体——核糖体，包括最简单的支原体都含有核糖体。核糖体是合成蛋白质的机器，在细胞遗传信息的传递中起重要作用。

　　4. 以一分为二的方式进行分裂

　　所有细胞均以一分为二的分裂方式进行增殖。为保证新产生的子细胞具有与亲代相似的遗传性，细胞在分裂前遗传物质都要复制，并在分裂时均等分配给每个子细胞。动物细胞、植物细胞以及细菌细胞都是如此。

第二节　原核细胞与真核细胞

　　细胞按照是否含有完整的细胞核（nucleus）可分为两大类，即没有核膜的原核细胞和有核膜的真核细胞。

一、原核细胞

　　原核细胞（prokaryotic cell）主要特征是没有明显可见的细胞核，没有核膜和核仁，只有拟核，进化地位较低。

　　原核细胞的体积一般很小，直径为 $1\sim10\mu m$，内部结构较简单，主要由细胞膜、细胞质、核糖体和拟核组成。拟核由一环状 DNA 分子构成，分布于细胞的一定区域，也称核区，无核膜包被，遗传信息量小。原核细胞中没有线粒体、质体等以膜为基础的具有特定结构与功能的细胞器，即使能进行光合作用的蓝藻，也只有由外膜内折形成的光合片层，能量转化反应就发生在这些膜片层上。有些原核细胞还有紧贴细胞膜外的细胞壁，其化学成分主要是肽聚糖，区别于以纤维素为主的植物细胞壁。

　　自然界中由原核细胞构成的生物称为原核生物。原核生物一般是单细胞的，主要包括支原体、细菌和蓝藻等。

　　1. 最小、最简单的细胞——支原体

　　支原体（mycoplasma）是目前发现的最小最简单的细胞，直径一般是 $0.1\sim0.3\mu m$，是介于病毒和细菌之间的单细胞生物，营寄生生活。支原体没有细胞壁，有磷脂和蛋白质构成的细胞膜，形态多样。胞质内有分散的环状 DNA 分子，无蛋白质结构，更无核膜包围。核糖体是胞内唯一可见的细胞器（图 2-7），指导合成 700 多种蛋白质。支原体没有鞭毛，无活动能力，可以通过分裂法繁殖，也有进行出芽增殖的。

　　2. 细菌和蓝藻

　　（1）细菌细胞　细菌（bacteria）是原核生物的主要代表，细菌根据外形分为 3 种形态：球状或椭圆形称为球菌；杆状或圆柱形称为杆菌；螺旋形或弧形称为螺旋菌。绝大多数细菌的直径大小在 $0.5\sim5.0\mu m$ 之间，当然还有极少的巨型细菌。

　　细菌的细胞外有一层坚固的细胞壁保护并维持一定的外形，其主要成分是肽聚糖，这是一种由糖类和蛋白质形成的聚合物。细胞壁上有许多微细的小孔，具有相对的通透性，直径 1nm 的可溶性分子能自由通过。某些细菌的外表面还有一层附加结构，称为荚膜，由多糖和多肽组成，具有一定程度的保护作用。细胞壁内侧有一层细胞膜，又称质膜，紧密地绕在胞质的外侧，由双层磷脂和蛋白质组成。细胞膜控制小分子和离子的通过，与细胞壁共同完成细胞内外物质的交换。细胞膜上具有使代谢物氧化的酶类和组成呼吸链的酶系，相当于真核细胞线粒体的功能（图 2-8）。

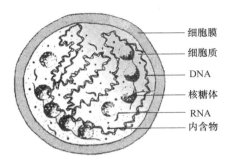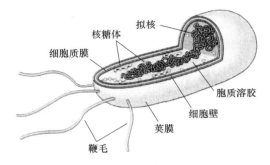

图 2-7　支原体模式图（引自翟中和等，2000）　　　　图 2-8　典型的细菌细胞形态结构模式图

细菌没有细胞核结构，仅为 DNA 与少量 RNA 或蛋白质结合物，也没有核仁和有丝分裂器。细菌体表还有菌毛和鞭毛等特殊结构。菌毛有两种：一种短而细，具有呼吸作用；另一种是数量少但细长的性纤毛，为雄性菌所特有。鞭毛是附着在菌体上细长的、呈波状弯曲的丝状物，是细菌的运动器官。

（2）蓝藻细胞　蓝藻（blue-green algae）又称蓝细菌，是一类含有叶绿素 a、具有放氧性光合作用的原核生物。大多生于淡水，少数生于海洋中，蓝藻能适应多种环境，在腐烂物质、污水中常有很多蓝藻。蓝藻属单细胞生物，有些蓝藻经常以丝状的细胞群体存在，如：属蓝藻门念珠藻类的发菜就是蓝藻的丝状体；作绿肥的红萍实际上是一种固氮蓝藻与水生蕨类满江红的共生体。蓝藻细胞体积比其他原核细胞大得多，直径一般在 $10 \mu m$ 左右。和细菌一样，蓝藻细胞没有核，只有一个环状双链 DNA 分子，蓝藻细胞表面都有胶质外鞘，易被碱性染料着色，鞘对于蓝藻抵抗不利环境很重要。蓝藻能进行光合作用，细胞质内分布有大量的光合片层和光合色素，如蓝色体（图 2-9）。

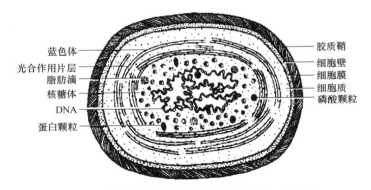

图 2-9　蓝藻细胞模式图（引自翟中和等，2000）

二、真核细胞

真核细胞主要特征是具有由核膜包被的典型的细胞核，结构复杂、遗传信息量大，进化程度较高。由真核细胞构成的生物体为真核生物。一些单细胞原生生物、多细胞的植物和动物，以及特殊的真菌类等含有各种真核细胞。

1. 真核细胞的基本结构

真核细胞直径为 $10 \sim 100 \mu m$。由于核膜的包被，可将细胞内部分为细胞核和细胞质两大部分，核内具有结构复杂的染色质（chromatin）和核仁（nucleolus）等；在细胞质中除核糖体外，还具有许多由膜包被形成的具有特定功能的细胞器，包括线粒体、质体、内质网、高尔基体、溶酶体、微体、液泡等以及中心体、微管、微丝等非膜结构的细胞器等（图2-10）。由于由膜包被的较为复杂的细胞核及由膜分隔成的各种细胞器的出现，将细胞分成许多功能区，其结果是使细胞的代谢效率大大提高。由此可见，真核细胞是以生物膜的进一步分化为基础，使细胞内部构建成许多更为精细的具有专门功能的结构单位。

（1）细胞膜 细胞表面的界膜，是一种半透性或选择透过性膜，可有选择性地让物质通过，从而控制细胞内外的物质交换，维持细胞内微环境的相对稳定。细胞膜还具有细胞识别、免疫反应、信息传递和代谢调控等重要作用。

（2）细胞核 是细胞中最显著和最重要的细胞器，是细胞遗传性和细胞代谢活动的控制中心。所有真核细胞，除高等植物韧皮部成熟的筛管和哺乳动物成熟的红细胞等极少数特例外，都含有细胞核。如果失去细胞核，一般说最终将导致细胞死亡。

（3）细胞质 真核细胞的细胞膜以内、细胞核以外的部分均属细胞质。细胞质中有透明、黏稠、可流动的细胞质基质，还有各种结构复杂、执行一定功能的细胞器。细胞质中主要的细胞器有：

① 线粒体。是细胞中重要和独特的细胞器，除成熟的红细胞外，它普遍存在于真核细胞中。线粒体是细胞内糖类、脂肪、蛋白质最终氧化分解的场所，通过氧化磷酸化作用将其中储存的能量逐步释放，并转化为 ATP 为细胞提供能量，故称之为细胞的"能量工厂"。

② 叶绿体。是植物细胞的细胞器，是植物进行光合作用同化 CO_2 产生有机分子的细胞器。其主要作用是将光能转化成化学能，它和线粒体均称为能量转化细胞器。

③ 内质网。由封闭的膜系统及其围成的腔形成互相沟通的网状结构。广泛存在于细胞质基质中，增大了细胞内的膜面积，以利于许多酶类的分布和各种生化反应的高效率进行。

④ 高尔基体。由一些排列有序的扁平膜囊堆叠而成，是内质网合成产物和细胞分泌物的加工、包装、分选以及转运的场所。

⑤ 溶酶体。普遍存在于动物细胞中，是由一层单位膜包围的球形囊状结构，含有多种酸性水解酶，是细胞内的"消化器官"，它对细胞营养、免疫防御、消除有害物质等具有重要作用。

除此之外，细胞质中还有中心体、微管、微丝、液泡等细胞器。

按照细胞的营养类型，可将大部分真核细胞分为自养的植物细胞和异养的动物细胞。真菌也是真核细胞，它既有植物细胞的某些特征，如有细胞壁，又可以进行动物细胞的异养生长。

2. 动物细胞与植物细胞的比较

动物细胞与植物细胞的结构基本相似，很多重要的细胞器和细胞结构，如细胞膜、核膜、染色质、核仁、线粒体、高尔基体、内质网与核糖体、微管与微丝等，在不同的细胞中不仅其形态结构与成分相同，功能也一样，但两者也存在明显的差异，动物细胞与植物细胞之间的差别可归纳为表2-1。动物细胞与植物细胞的结构模式见图2-10。

三、原核细胞与真核细胞的区别

原核细胞与真核细胞相比较，无论在形态结构方面还是在生理功能方面，都有显著区别（表2-2）。从进化的角度来看，原核细胞与真核细胞最根本的区别在于：第一，细胞膜系统的分化与演变，即真核细胞以膜系统的分化为基础，分化为两个独立的部分——核与质，细

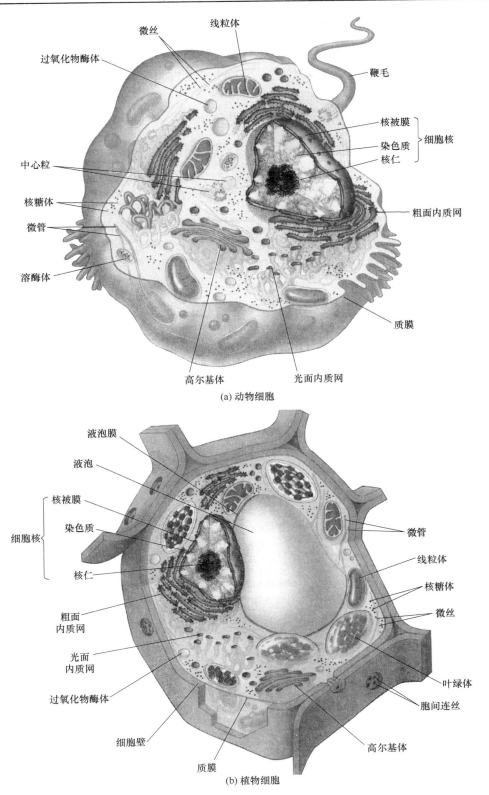

(a) 动物细胞

(b) 植物细胞

图 2-10 细胞结构模式图

表 2-1　动物细胞与植物细胞的比较

细 胞 器	动 物 细 胞	植 物 细 胞
细胞壁	无	有
叶绿体	无	有
液泡	无	有
溶酶体	有	无
中心体	有	无
通讯连接方式	间隙连接	胞间连丝
胞质分裂方式	收缩环	细胞板

胞质又以膜系统为基础分隔为结构更精细、功能更专一的单位——各种重要的细胞器。第二，遗传信息量与遗传装置的扩增与复杂化，即由于真核细胞结构与功能的复杂化，遗传信息量相应随之扩增，遗传信息的复制、转录与翻译的装置和程序也相应复杂化，具有严格的阶段性和区域性，而原核细胞内转录与翻译可同时进行。同时真核细胞的体积也相应增大，表现为比原核细胞大得多。此外，真核细胞内有一个比较复杂的骨架系统，对维持细胞的形态结构以及对细胞内部的一系列功能起着十分重要的作用，而在原核细胞内至今没有发现明显的骨架系统。

表 2-2　原核细胞与真核细胞的区别

特　征	原 核 细 胞	真 核 细 胞
细胞大小	较小，$1\sim10\mu m$	较大，$10\sim100\mu m$
细胞壁	主要由肽聚糖组成，不含纤维素	主要由纤维素组成，不含肽聚糖
细胞质	除核糖体外无细胞器	有各种细胞器
核糖体	70S（50S＋30S）	80S（60S＋40S）
细胞骨架	无	有微管、微丝等
中心粒	无	有
细胞核	无核膜包被，无核仁	有核膜包被，有核仁
染色体	只有一条裸露的 DNA，不与组蛋白和酸性蛋白结合	有若干条 DNA 组成成对的染色体，DNA 与组蛋白及酸性蛋白结合
内膜系统	简单	复杂
RNA 和 DNA 合成	在 DNA 分子上	在染色体 DNA 上，在线粒体 DNA 上
蛋白质合成	在细胞质核糖体上	在细胞质核糖体及粗面内质网上
内吞和胞吐	无	有
鞭毛	由鞭毛蛋白组成	由微管蛋白构成，运动的能源为 ATP
运动	简单原纤维及鞭毛	微丝、纤毛和鞭毛等
细胞分裂	无丝分裂	有丝分裂和减数分裂
营养方式	主要靠吸收	具有吸收、消化和光合作用

第三节　非细胞形态的生命体——病毒

病毒（virus）是指能在活细胞中繁殖的非细胞的具有传染性的核酸-蛋白质复合体。所有的病毒必须要在细胞内才能表现出它们的基本生命活动。病毒有以下主要特征：①个体微小，可通过滤菌器，大多数必须在电子显微镜下才能看见；②仅具有一种类型的核酸，或DNA、或RNA，没有含两种核酸的病毒；③不具有代谢的能力，只能专营细胞内寄生生活；④具有受体连接蛋白，与敏感细胞表面的病毒受体连接，进而感染细胞。

一、病毒的形态、结构和类型

1. 病毒的形态

人们在电镜下观察到许多病毒的形态，把病毒分为五种形态（图 2-11）：①球形　大多数人类和动物病毒为球形，如脊髓灰质炎病毒、疱疹病毒及腺病毒等。②丝形　多见于植物病毒，如烟草花叶病病毒，人类流感病毒有时也可形成丝形。③弹形　形似子弹头，如狂犬病病毒等，其他多为植物病毒。④砖形　如痘病毒、天花病毒等。⑤蝌蚪形　由一卵圆形的头及一条细长的尾组成，如噬菌体。

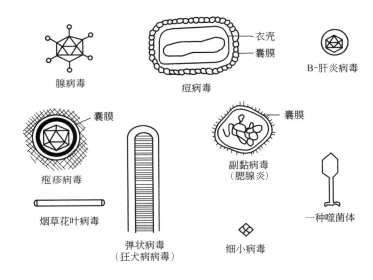

图 2-11　病毒的各种形态

2. 病毒的结构

病毒的大小一般在 10～30nm 之间，没有细胞结构，却有其自身特有的结构，整个病毒体分为两部分：蛋白质构成的衣壳和核酸构成的内芯，两者构成核衣壳。核酸内芯只含一个DNA 分子或一个 RNA 分子，在一种病毒内两种核酸不能兼得，这是病毒的最基本特点之一，也是与细胞的最根本区别之一。完整的具有感染力的病毒体叫病毒粒子。病毒粒子有两种：一种是不具被膜的裸露病毒粒子；另一种是在核衣壳外面有被膜包围所构成的包膜病毒粒子。

3. 病毒的类型

病毒种类繁多，依其寄生的宿主不同，大体分为细菌病毒（又称为噬菌体）、植物病毒和动物病毒三大类。病毒各有一定的宿主范围，对感染的宿主具有专一性，每种病毒只能感染一种或少数亲缘较接近的生物种类，例如，烟草镶嵌病毒只能寄生于烟草、狂犬病毒仅能感染哺乳动物。

根据病毒所含的核酸类型不同，可将病毒分为两大类：DNA 病毒与 RNA 病毒。DNA病毒所含的 DNA 分子有双链 DNA 和单链 DNA 的区别；RNA 病毒所含的 RNA 分子也有双链 RNA 和单链 RNA 的区别。

【相关链接】 冠状病毒与 SARS

2003 年春，在我国和世界 20 多个国家发生了一种传染性病毒病，导致严重急性呼吸道综合征（SARS 是 Sevre Aucte Respiratory Syndrome 的词头缩写），SARS 病毒是一种可寄生在人体细胞内的冠状病毒，潜伏期平均为 4 天，最短 2 天，最长 15 天。SARS 病毒以空气为媒介，通过短距离飞沫或接触呼吸道分泌物等途径传染。病毒离开人体后在外界可存活 3～6h。95％感染 SARS 病毒的人能够治愈。SARS 是可治的，同时也是可控和可防的。

二、病毒的增殖过程

病毒的增殖又称为病毒的复制，它是病毒生命活动与遗传性的具体表现。病毒在增殖过程中，皆需先感染再进入宿主细胞内，分别进行遗传物质核酸的复制与蛋白质外壳的制造，外壳包裹核酸后，再组合成病毒颗粒。复制产生的子代，必须离开宿主细胞，才能感染另一个活细胞，继续繁殖下去。病毒的繁殖过程可分为三个连续的过程，具体就是：侵染→复制、转录和翻译→装配、成熟和释放。

1. 病毒对细胞的侵染

病毒能否侵染细胞决定于病毒表面的识别结构与特异性的敏感细胞接触时，能否发生互补结合，即能否发生特异性的吸附，这是病毒增殖的第一步。但有一种病毒比较特殊，即痘病毒，它能吸附在任何细胞的任何部位，而不需要特殊的受体。多数动物病毒主要是被细胞以"主动吞饮"的方式"吞"入细胞。有些有包膜的病毒，以其包膜与细胞膜融合的方式进入细胞。噬菌体侵染细胞时，仅将核酸注入细胞，蛋白质衣壳不进入细胞。

2. 病毒核酸的复制、转录和翻译

病毒进入细胞后，在细胞蛋白水解酶的作用下，衣壳被裂解，释放出核酸。多数 DNA 病毒的核酸转移到核内进行复制与转录，RNA 病毒的核酸则是在胞质内进行复制与转录的。

病毒核酸能够以自身为模板，利用宿主细胞的代谢系统进行一系列的复制或反转录，进而转录出病毒 mRNA，带有遗传信息的 mRNA 与宿主细胞的核糖体相结合，按病毒的遗传信息译制病毒的结构蛋白质，这些结构蛋白质和复制的病毒核酸为子代病毒的装配提供了物质基础。

在上述过程中，病毒核酸还能够以自身为模板，译制出"早期蛋白质"，它能够关闭宿主细胞的基因调控，抑制宿主细胞本身核酸的复制、转录以及翻译，使宿主细胞不能按照其自身的遗传特性进行代谢，而是由病毒核酸所携带的遗传信息所控制。

3. 病毒的装配、成熟和释放

大多数 DNA 病毒的核酸是在细胞核内复制的，蛋白质是在细胞质中合成的（因为细胞质内一般都有核糖体），最后这两者在细胞核内装配成核衣壳。而大多数的 RNA 病毒的核酸复制和蛋白质的合成以及两者的装配都是在细胞质中进行的。

装配以后，病毒就可以说是真正成熟的子代病毒了。成熟的病毒粒子从感染细胞内转移到细胞外的过程称为释放过程。病毒的释放方式主要有两种：一种是破胞释放，比如无包膜的二十面体对称型病毒是以细胞破裂的方式被释放出来的；另一种是芽生释放，有包膜的病毒（疱疹病毒、流感病毒）在装配完成以后，是以出芽方式带上核膜进入到细胞质中，再从细胞质释放出来的，它在释放过程中获得包膜。

三、病毒的进化地位

病毒不具有独立进行生物合成的能力，是细胞的寄生物，因此在进化上病毒的出现不可能早于细胞。病毒的前身很可能是在宿主染色体外独立进行复制的质粒。质粒既有 DNA 型的，也有 RNA 型的。它与病毒相似之处主要在于，它具有专一的核苷酸序列作为复制的起始部位。但它又不同于病毒，不能制造蛋白质外壳，不能像病毒一样从一个细胞传递到另一个细胞。当 DNA 质粒获得了为衣壳蛋白质编码的基因时，即意味着病毒出现了，因此认为病毒是细胞的演化产物。

　　病毒能在种间传递核酸序列，因而它在生物进化上起着重要作用。由于病毒核酸往往可同宿主染色体重组，所以病毒核酸就有可能连接上一小段宿主染色体，一同传递到另一种细胞或有机体中。在生物工程和分子生物学研究中，常将病毒作为基因重组的载体来转导目的基因。

思　考　题

1. 怎样理解细胞是生命活动的基本单位？
2. 简述细菌的形态结构特征。
3. 原核细胞与真核细胞在结构和生命活动过程中有哪些异同点？
4. 比较植物细胞和动物细胞的结构特点。
5. 归纳细胞的共同特性。

第三章　细胞膜与细胞表面

【学习目标】

　　1. 理解和掌握细胞膜的结构与性质。

　　2. 理解物质的跨膜运输及细胞识别。

　　3. 了解细胞连接的类型及作用。

　　细胞膜（cell membrane）是细胞质与外界环境相隔开的一层界膜，又称质膜（plasma membrane）。质膜不仅是区分细胞内部与周围环境的动态屏障，更是细胞物质交换和信息传递的通道。细胞质中还有许多由膜分隔成的多种细胞器，这些围绕各种细胞器的膜，称为细胞内膜。质膜和内膜在起源、结构和化学组成等方面具有相似性，故总称为生物膜（biomembrane）。生物膜是细胞进行生命活动的重要物质基础，细胞的能量转换、蛋白质合成、物质运输、信息传递、细胞运动等活动都与膜的作用有密切的关系。

　　质膜表面的寡糖链形成细胞外被（cell coat）或糖萼（glycocalyx）。细胞表面是由细胞外被、质膜、质膜下的表层胞质溶胶及其特化结构组成的一个具有复杂结构的多功能体系，是细胞与细胞、细胞与外界环境物质相互作用并产生各种复杂功能的部位。

第一节　细　胞　膜

一、细胞膜的组成成分

　　细胞膜厚度一般为 7～8nm，主要由脂类和蛋白质组成。质膜中的脂类也称为膜脂，是质膜的基本骨架；质膜中的蛋白质也称为膜蛋白，是质膜功能的主要体现者。另外质膜中还含有少量糖类，是以糖脂和糖蛋白复合物的形式存在的。

　　1. 膜脂

　　膜脂主要包括磷脂、胆固醇和糖脂三种类型。所有的膜脂都具有双亲媒性，即这些分子都有亲水的极性端和疏水的非极性端，这种性质使生物膜具有屏障作用，大多数水溶性物质不能自由通过，只允许亲脂性的一些物质通过。

　　（1）磷脂　含有磷酸基团的脂称为磷脂，它是细胞膜中含量最丰富和最具特性的脂。它有一个极性的头部和两个非极性的尾部（图 3-1）。磷脂构成了膜脂的基本成分，约占整个膜脂的 50% 以上，包括甘油磷脂和鞘磷脂。

　　（2）胆固醇　是中性脂类（图 3-2），仅存在真核细胞膜上，含量一般不超过膜脂的 1/3。胆固醇在植物细胞膜中含量较少，动物细胞膜中含量较高。生物膜中的胆固醇与磷脂的碳氢链相互作用（图 3-3），可阻止磷脂凝集成晶体结构，调节脂双层流动性，降低水溶性物质的通透性。

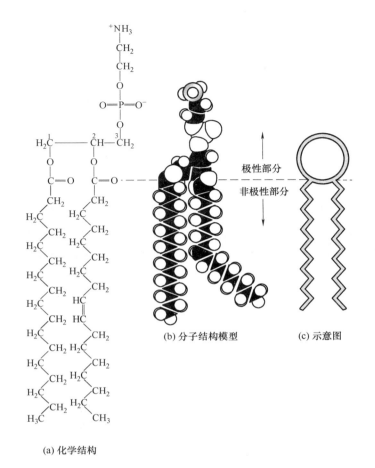

(b) 分子结构模型　　(c) 示意图

(a) 化学结构

图 3-1　磷脂酰乙醇胺的分子结构

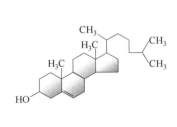

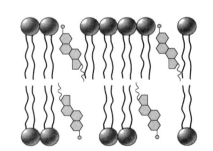

图 3-2　胆固醇的结构　　　　　图 3-3　胆固醇在脂双层中的位置

胆固醇以与磷脂头尾平行形式穿插在磷脂之间

（3）糖脂　是含糖而不含磷酸的脂类。它由脂类和寡糖构成，普遍存在于原核细胞和真核细胞的质膜上，其含量约占膜脂总量的 5％以下，在神经细胞膜上糖脂含量较高。

2. 膜蛋白

虽然细胞膜的基本结构是由脂双层组成，但是它的特定功能主要由蛋白质完成。在不同细胞中膜蛋白的含量及类型有很大差异，在一般类型的细胞膜中，蛋白质含量约占 50％。膜功能的差异主要体现在所含蛋白质的不同。根据膜蛋白在膜上的存在方式，可分为整合蛋白和外周蛋白。

整合蛋白（integral protein）又称膜内在蛋白，全部或部分插入细胞膜内，直接与脂双层的疏水区域相互作用。许多整合膜蛋白是两亲性分子，它们的疏水区域跨越脂双层的疏水区，与其脂肪酸链共价连接，而亲水的极性部分位于膜的内外两侧，这种蛋白质跨越脂双层，也叫跨膜蛋白。实际上，整合蛋白几乎都是完全穿过脂双层的蛋白质（图 3-4）。由于存在疏水结构域，整合蛋白与膜的结合非常紧密，只有用去垢剂处理，才能从膜上洗涤下来。

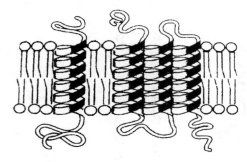

图 3-4　整合蛋白（引自 Karp, 1999）

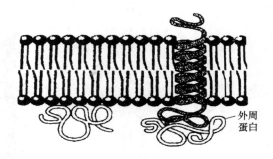

图 3-5　外周蛋白（引自 Karp, 1999）

外周蛋白（peripheral protein）分布于细胞膜的内外表面，又称为外在蛋白，约占膜蛋白总量的 20%～30%。外周蛋白不直接与脂双层疏水部分相互连接，常常通过离子键、氢键和细胞膜脂质分子的极性头部结合，或通过与内在蛋白的相互作用，间接与膜结合，结合力较弱。大多数外周蛋白为水溶性蛋白，主要由亲水性氨基酸组成，或是亲水基团暴露在外面。只要改变溶液的离子强度甚至提高温度，外周蛋白就可以从膜上分离下来（图 3-5）。

二、细胞膜的结构

1. 细胞膜结构的研究历史

关于膜的结构，从 19 世纪末开始，人们就一直在研究，并提出了许多假说和模型。早在 1895 年，E. Overton 发现凡是溶于脂肪的物质很容易透过植物的细胞膜，而不溶于脂肪的物质则不易透过细胞膜，因此推断细胞膜由连续的脂类物质组成。20 年后，科学家第一次将膜从红细胞中分离出来，经化学分析表明，膜的主要成分是磷脂和蛋白质。

1925 年，荷兰的两位科学家 E. Gorter 和 F. Grendel 用有机溶剂提取了人类红细胞膜的脂类，将其在空气-水界面上铺展成单分子层，测得其所占面积相当于所用红细胞膜总面积的 2 倍，因而推测细胞膜由双层分子组成，并提出膜由双层磷脂分子组成。

1935 年，J. Danielli 和 H. Davson 提出了"蛋白质-脂类-蛋白质"的三明治模型，认为质膜是由双层脂类分子及其内外表面附着的蛋白质所构成。

1959 年，J. D. Robertson 用超薄切片技术获得了清晰的细胞膜照片，显示暗-明-暗三层结构，厚约 7.5nm，这就是所谓的"单位膜"模型。随后的冰冻蚀刻技术显示双层脂膜中存在蛋白质颗粒；免疫荧光技术证明膜中的蛋白质是流动的。据此，于 1972 年，Singer 等科学家提出了目前广泛认可的"流动镶嵌模型"。

2. 流动镶嵌模型

1972 年，S. J. Singer 和 G. L. Nicolson 总结了当时有关膜结构模型及各种研究新技术的成就，提出了流动镶嵌模型。该模型的主要特点如下所述。

① 流动镶嵌模型认为，细胞膜是由流动的磷脂双分子层和嵌在其中的蛋白质所组成。磷脂双分子构成膜的基本骨架，即磷脂分子以非极性的尾部相对，向着内侧的疏水区；极性的头部朝向外侧，暴露于两侧的亲水区。膜上的各种蛋白质以不同的镶嵌形式与磷脂双分子层相结合，或嵌在脂双层表面，或嵌在其内部，或横跨整个脂双层。此外，还有部分糖类附着在膜的外侧，与膜脂或膜蛋白的亲水端相结合，构成糖脂和糖蛋白。这种特殊的结构体现了膜结构的有序性（图 3-6）。

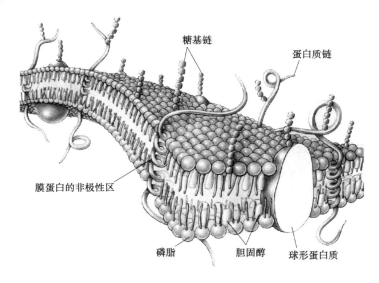

糖基链

蛋白质链

膜蛋白的非极性区

磷脂　　　胆固醇　　　球形蛋白质

图 3-6　膜的流动镶嵌模型（引自王金）

② 组成膜的磷脂双分子和嵌在其中的蛋白质分子的位置是不固定的，它们在膜的水平方向甚至在垂直方向都可以流动、翻转和变化。因此，膜具有一定的流动性。

③ 膜的内外两侧的组分和功能有明显的差异。主要表现在组成膜脂双分子层内外侧的磷脂及蛋白质分子的种类和含量有很大的差异，同时糖脂和糖蛋白的糖基一般只分布在膜的外表面，即膜脂、膜蛋白和复合糖在膜上均呈不对称分布，导致膜功能的不对称性。

显然"流动镶嵌模型"突出了膜的有序性、流动性和不对称性，这些特性对于生物膜适应膜内外环境变化、膜的选择透性以及物质的跨膜运输、细胞识别和信号转导等具有重要意义，因而也保证了细胞代谢即物质的交换与能量的转换在高度有序的状态下进行。由于流动镶嵌模型较好地体现了细胞的功能特点，被广泛接受，也得到了许多实验的支持。

三、细胞膜的特性

根据细胞质膜的流动镶嵌模型，细胞膜具有两个显著的特性，即膜的流动性（fluidity）和膜的不对称性（asymmetry）。

1. 流动性

质膜的流动性是指膜脂和膜蛋白处于不断的运动状态。膜的流动性是生物膜的基本特征之一，也是细胞进行生命活动的必要条件。质膜的流动性体现在膜脂的流动性和膜蛋白的流动性两方面。

（1）膜脂的流动性　膜脂的流动性主要指脂分子的侧向运动，在同一平面上相邻的脂分子交换位置。它在很大程度上是由脂分子本身的性质决定的，一般说来，脂肪链越短，不饱和程度越高，膜脂的流动性越大。膜脂运动方式还有以下几种方式（图 3-7）。

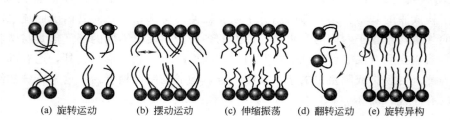

图 3-7　膜脂的分子运动（引自 www. bioon. com）

① 旋转运动。膜脂分子围绕与膜平面垂直的轴进行快速旋转。

② 摆动运动。膜脂分子围绕与膜平面垂直的轴进行左右摆动。

③ 伸缩振荡。脂肪酸链沿着纵轴进行伸缩振荡运动。

④ 翻转运动。膜脂分子从脂双层的一层翻转到另一层。

⑤ 旋转异构。脂肪酸链围绕 C—C 键旋转，导致异构化运动。

（2）膜蛋白的流动性　分布在膜脂中的膜蛋白也有发生运动的特性，其运动方式主要是侧向运动和旋转运动，没有翻转运动。这两种运动方式与膜脂分子相同，但移动速度较慢。

有人把体外培养的人和小鼠成纤维细胞进行融合实验，观察人-小鼠杂交细胞表面抗原分布的变化。在细胞融合前，用结合有荧光染料的特异抗体对细胞表面抗原进行标记。人体细胞抗体结合红色荧光染料，鼠体细胞抗体结合绿色荧光染料。然后用灭活的仙台病毒处理，使两种成纤维细胞融合。刚融合的杂交细胞，一半为红色，一半为绿色。在 37℃ 条件下，孵育 40min 后，显示红色和绿色荧光都均匀地分布在融合细胞表面，这个实验清楚地显示了与荧光素标记抗体结合的膜蛋白在细胞膜上的侧向运动。

旋转运动指膜蛋白围绕与膜平面垂直的轴进行旋转运动。膜蛋白在脂双层溶液中的运动是自发的热运动，不需要能量。实验证明，用药物抑制细胞能量转换，膜蛋白的运动不受影响。

影响膜流动的因素主要来自膜本身的组分、遗传因子及环境因子等，包括胆固醇、脂肪酸链的饱和度、脂肪酸链的链长、卵磷脂或鞘磷脂及其他因素。

① 胆固醇：胆固醇的含量增加会降低膜的流动性。

② 脂肪酸链的饱和度：脂肪酸链所含双键越多越不饱和，使膜流动性增加。

③ 脂肪酸链的链长：长链脂肪酸相变温度高，膜流动性降低。

④ 卵磷脂/鞘磷脂：该比例高则膜流动性增加，是因为鞘磷脂黏度高于卵磷脂。

⑤ 其他因素：膜蛋白和膜脂的结合方式、温度、酸碱度、离子强度等。

质膜的流动性是保证其正常功能的必要条件。例如，跨膜物质运输、细胞信息传递、细胞识别等都与膜的流动性密切相关。当膜的流动性低于一定的阈值时，许多酶的活动和跨膜运输就会停止，反之，如果流动性过高，又会造成膜的溶解。

2. 不对称性

细胞质膜内外两个单层的组成、结构和功能有很大的差异，我们把这种差异称为膜的不对称性。膜脂、膜蛋白和复合糖在膜上均呈不对称性分布，导致膜功能的不对称性和方向性，即膜内外两层的流动性不同，使物质传递有一定方向，信号的接受和传递也有一定的方向等。

冷冻断裂复型技术是研究膜不对称性的最重要方法。样品经冷冻断裂处理后，细胞膜往往从脂层中央断开，为了便于研究，各部分都有固定的名称，具体见图3-8。

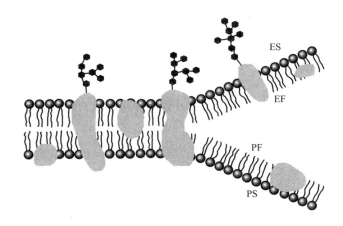

图 3-8　膜各个断面的名称（引自 www. bioon. com）（右侧为冷冻断
裂复型技术所显示的两个断面）

ES—质膜的细胞外表面；PS—质膜的原生质表面；EF—质膜的细胞外小页断裂面；

PF—原生质小页断裂面。

（1）膜脂的不对称性　膜脂的不对称性是指同一种膜脂分子在膜的脂双层中呈不均匀分布。组成膜两个单层的膜脂种类不同，质膜的内外两侧分布的磷脂的含量和比例也不同。糖脂的分布表现出完全不对称性，其糖侧链部都在质膜的 ES 面上，所以糖脂仅存在于质膜的细胞外小页中，糖脂的不对称分布是完成其生理功能的结构基础。膜脂的不对称性有重要的生理意义，有一些疾病，如镰刀状贫血病、未分化肿瘤细胞等疾病都是质膜脂双层的不对称性发生紊乱造成的。

（2）膜蛋白的不对称性　膜蛋白的不对称性是指每种膜蛋白分子在细胞膜上都有明确的方向性和分布的区域性。各种生物膜的特征和功能主要由膜蛋白决定，膜蛋白的不对称性是生物膜完成复杂有序的各种生理功能在时间与空间上的保证。

某些膜蛋白只有在特定膜脂存在时才能发挥其功能。如蛋白激酶 C 结合膜的内侧，需要在磷脂酰丝氨酸的存在下才能发挥作用；线粒体内膜的细胞色素氧化酶，需要心磷脂存在才具活性。

四、细胞膜的功能

细胞膜将细胞与外界环境隔开，因此细胞和其周围环境发生的一切联系和反应，都必须通过细胞膜来完成。了解细胞膜的功能，对于理解细胞膜的结构和细胞的生命活动都很重要。

① 由于细胞膜的存在，使得遗传物质和其他参与生命活动的生物大分子相对集中在一个安全的微环境中，有利于细胞的物质和能量代谢。即为细胞的生命活动提供相对稳定的内环境。

② 细胞膜为两侧的分子交换提供了一个屏障，一方面可以让某些物质自由通透，另一方面阻碍某些物质出入细胞。即选择性的物质运输，包括代谢底物的输入与代谢产物的排除，其中伴随着能量的传递。

③ 细胞通常用质膜中的受体蛋白从环境中接受化学信号和电信号。即提供细胞识别位

点，并完成细胞内外信息跨膜传递。

④ 在多细胞的生物中，细胞通过质膜进行细胞间的多种相互作用，包括细胞识别、细胞连接等。即介导细胞与细胞、细胞与基质之间的连接。

⑤ 为多种酶提供结合位点，使酶促反应高效而有序地进行。

⑥ 质膜参与形成具有不同功能的细胞表面特化结构。

第二节　细胞表面结构

细胞表面是由细胞外被、质膜、质膜下的表层胞质溶胶及特化结构组成的一个复合结构体系和多功能体系，是细胞与细胞、细胞与外界环境物质相互作用并产生各种复杂功能的部位。本节主要介绍细胞外被和细胞表面的特化结构。

一、细胞外被

1. 细胞外被的构成

有人将细胞膜外面的所有覆盖物都看作是细胞外被，如植物细胞和大多数细菌的细胞壁、细菌的荚膜、一些动物的卵膜和透明带等。有人认为细胞外被伸展于质膜的外表面，不是细胞膜外面的独立结构，而是质膜中的糖蛋白和糖脂伸出的寡糖链组成的，实质上细胞外被是质膜结构的一部分（图 3-9）。

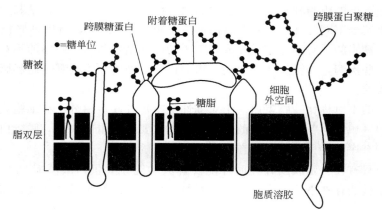

图 3-9　糖链构成细胞外被（引自 Alberts 等，1994）

2. 细胞外被的作用

（1）保护作用　细胞外被具有一定的保护作用，去掉细胞外被，并不会直接损伤质膜。

（2）细胞识别　细胞识别与构成细胞外被的寡糖链密切相关。寡糖链由质膜糖蛋白和糖脂伸出，每种细胞寡糖链的单糖残基具有一定的排列顺序，编成了细胞表面的密码，它是细胞的"指纹"，为细胞的识别形成了分子基础。同时细胞表面尚有寡糖的专一受体，对具有一定序列的寡糖链具有识别作用，因此，细胞识别实质上是分子识别。

（3）决定血型　血型是对血液分类的方法，通常是指红细胞的分型，其依据是红细胞表面是否存在某些可遗传的抗原物质。已经发现并为国际输血协会承认的血型系统有 30 种，其中最重要的两种为"ABO 血型系统"和"Rh 血型系统"。红细胞质膜的糖鞘脂是 ABO 血型系统的血型抗原，血型免疫活性特异性的分子基础是糖链的糖基组成。A、B、O 三种血型的糖链结构基本相同，只有糖链末端的糖基有所不同，A 型血的糖链末端为 N-乙酰半乳糖；B 型血为半乳糖；AB 型血两种糖都有；O 型血则缺少这两种糖基（图 3-10）。

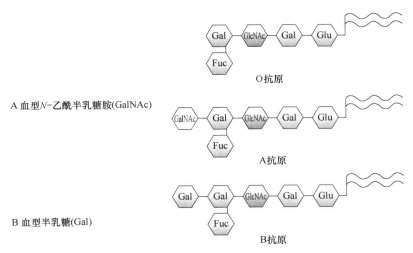

图 3-10 人血型抗原的结构

二、细胞表面的特化结构

细胞表面并不是平整光滑的，通常因各类细胞的功能和生理状态不同，带有各种各样特化的附属结构。最明显的特化结构是膜骨架、纤毛和鞭毛、微绒毛、细胞的变形足等。

1. 膜骨架

膜骨架（membrane associated cytoskeleton）指质膜下与膜蛋白相连的由纤维蛋白组成的网架结构，它参与维持质膜的形状并协助质膜完成多种功能。

2. 纤毛和鞭毛

纤毛（cilia）和鞭毛（flagella）是细胞表面具有运动功能的细胞特化结构。二者形态虽有所差异，但基本结构完全相同。通常情况下，将多而较短的称为纤毛，少而较长的称为鞭毛。

纤毛和鞭毛是细胞表面向外伸出的细长突起，内部由微管构成复杂结构。纤毛长 50～100nm，直径 3～5nm，数目多；鞭毛比纤毛更细长，约 1500nm 左右，数目很少，一般只有一根至数根。细胞靠纤毛和鞭毛的运动而在液体中穿行，如原生动物和高等动物的精子等。

3. 微绒毛

微绒毛（microvilli）广泛存在于动物细胞的游离表面，在电镜下可见，它是细胞表面伸出的细长指状突起，垂直于细胞表面。微绒毛直径约为 $0.1\mu m$，长度则因细胞种类和生理状况不同而有所不同。微绒毛表面是质膜和糖被，内部是细胞质的延伸部分。

微绒毛的存在扩大了细胞的表面积，有利于细胞的吸收。如小肠上的微绒毛，使细胞的表面积扩大了 30 倍，大大有利于大量吸收营养物质。微绒毛的长度、数量都与细胞的代谢强度有着相应的关系。如在小肠绒毛根部上皮细胞上的微绒毛显得短、少、粗，越往小肠绒毛顶部的上皮细胞，其绒毛就越长、多、细，表明绒毛顶部的吸收作用强。

4. 细胞的变形足

细胞的变形足包括丝足和片足。丝足由 20 根左右松散的肌动蛋白纤维构成，正端朝向胞外，能迅速地伸出或缩回。片足中肌动蛋白纤维更有序，微丝正端与细胞运动方向一致。细胞变形足运动的本质是肌动蛋白纤维的装卸。

细胞外基质（extracellular matrix）是指分布在细胞外，由细胞分泌的蛋白和多糖构成的网络结构。其组成成分主要包括胶原、纤黏连蛋白、层黏连蛋白、蛋白聚糖和氨基聚糖等（图 3-11）。细胞外基质将细胞黏连在一起构成组织，同时提供一个细胞外网架，在组织中或组织之间起支持作用。如胶原赋予组织抗张能力，弹性蛋白及蛋白多糖为组织的弹性和耐压性所必需。不同组织细胞外基质的成分存在一定的差异性。细胞外基质在细胞外围，对细胞的形态和活性、细胞迁移、细胞运动及增殖和分化等均有重要作用。

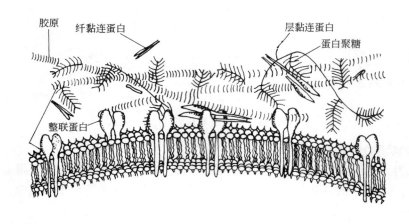

图 3-11　细胞外基质主要成分与结构示意图（引自 Karp，1999）

第三节　细胞连接

细胞连接（cell junction）是多细胞有机体中相邻细胞之间通过细胞质膜相互联系，协同作用的组织方式。细胞连接具有加强细胞间的机械联系和组织牢固性，沟通细胞间信息传递和物质交流的作用。多细胞生物体中，细胞间通过细胞连接而形成组织，并使其在功能上处于高度的协调状态。

细胞连接有多种类型，根据结构和功能的不同，分为三大类，即封闭连接、锚定连接和通讯连接，在这三种类型的细胞连接中，锚定连接最为复杂。

一、封闭连接

封闭连接（occluding junction）是指在相邻细胞的质膜之间形成只有 2nm 或更小、甚至没有间隔的连接方式，即是将相邻细胞的质膜密切地连接在一起，阻止溶液中的分子沿细胞间隙渗入体内。紧密连接是封闭连接的主要形式，一般存在于上皮细胞之间。在光镜下小肠上皮细胞之间的闭锁堤区域便是紧密连接存在的部位。电镜观察显示，紧密连接处的相邻的细胞质膜紧紧地靠在一起，没有间隙，似乎融合在一起。冰冻断裂复型技术显示出它是由围绕在细胞四周的焊接线网络而成。焊接线也称嵴线，一般认为它由成串排列的特殊跨膜蛋白组成，相邻细胞的嵴线相互交联封闭了细胞之间的空隙（图 3-12）。

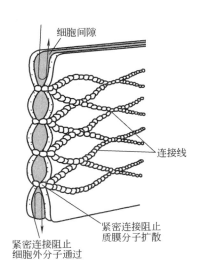

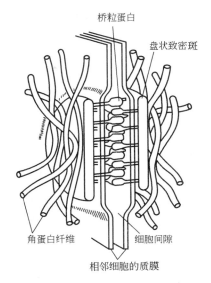

图 3-12　紧密连接模式图（引自
Stachlin L. A. 和 Hull B. E.，1978）

图 3-13　桥粒结构模式图
（引自翟中和，2000）

　　紧密连接除连接细胞外，其主要功能是封闭上皮细胞间隙，形成一道与外界隔离的封闭带，防止腔管中的物质无选择地通过细胞间隙进入体液，或体液中的物质回流到腔管中，保证组织内环境的相对稳定性。同时将上皮细胞游离面和基底面不同功能的转运蛋白限制在各自的范围，保证物质转运的方向性。例如，紧密连接封闭了相邻小肠上皮细胞间隙，将肠腔物与体液分开，使之不能通过细胞间隙相互渗透。紧密连接的封闭作用还将 Na^+ 驱动的葡萄糖转运蛋白限制在细胞膜的游离面，将肠腔中低浓度的葡萄糖摄入细胞；而将葡萄糖被动转运蛋白限制在细胞的侧表面和基底面，将细胞内的葡萄糖转运到体液，再进入血液，从而保证了葡萄糖的定向运转。即紧密连接的功能为：具有封闭（阻止可溶性物质的扩散）、隔离（将上表皮细胞的游离端与基底面细胞膜上的膜蛋白相互隔离）和支持功能。

　　二、锚定连接

　　锚定连接（anchoring junction）是通过细胞质骨架的中间纤维或肌动蛋白纤维，将细胞与另一个相邻细胞或胞外基质连接起来的连接方式。参与连接的跨膜糖蛋白像钉子一样将相邻细胞"钉"在一起，故称为锚定连接。

　　锚定连接在机体组织内分布很广泛，在上皮组织、心肌和子宫颈等组织中含量丰富，具有抵抗外界压力与张力的作用。根据跨膜蛋白是同中间纤维相连还是肌动蛋白纤维相连，把锚定连接分为两种不同的形式：一是与中间纤维相连的锚定连接主要包括桥粒和半桥粒。二是与肌动蛋白纤维相连的锚定连接主要包括黏着带与黏着斑。

　　1. 桥粒和半桥粒

　　相邻细胞之间通过中间纤维相连的锚定连接称为桥粒（desmosome）；若是细胞同细胞外基质通过中间纤维相连的锚定连接则称为半桥粒（hemidesmosome）。通常在易受牵拉的组织结构中，桥粒最为丰富，如皮肤、口腔、食管等处复层鳞状上皮细胞易受撕拉和摩擦，其细胞间桥粒最丰富。

　　电镜下桥粒处相邻细胞质膜间的间隙约 30nm，在质膜的胞质面有一块厚度为 15～20nm 的盘状致密斑，中间纤维直接与其相连；相邻两细胞的致密斑由跨膜连接糖蛋白相互连接。与桥粒相连的中间纤维的成分依不同细胞类型而不同：上皮细胞中是角蛋白中间纤维；心肌细胞中为结蛋白中间纤维；大脑表皮细胞中为波形蛋白纤维。有证据表明，不同组织来源的桥粒复合体的化学组成也有所不同。桥粒中将质膜连接起来的黏合分子亦为 Ca^{2+} 依赖性的跨膜黏合蛋白。因此相邻细胞中的中间纤维通过致密斑和钙黏蛋白构成了穿越细胞膜的细胞骨架网络（图 3-13）。

桥粒在两个细胞之间形成纽扣式的结构将相邻细胞铆接在一起，同时桥粒也是细胞内中间纤维的锚定位点。细胞质内的中间纤维通过桥粒相互连接形成贯穿于整个组织的整体网络，支持该组织并抵抗外来的张力、压力与撕裂力。

半桥粒在形态上与桥粒类似，但功能和化学组成不同。它们使上皮细胞固着在基底膜上，在半桥粒中中间纤维不是穿过而是终止于半桥粒的致密斑内。它们的不同之处是：①只在质膜内侧形成桥粒斑结构，其另一侧为基膜；②穿膜连接蛋白为整合素，而不是钙黏素，整合素是细胞外基质的受体蛋白；③细胞内的附着蛋白为角蛋白。

2. 黏着带和黏着斑

黏着带（adlhesion belt）位于上皮细胞紧密连接的下方，相邻细胞间形成一个连续的带状结构。相邻细胞膜在黏着带处并不融合，中间的间隙为 15～20nm，介于紧密连接和桥粒之间，所以黏着带也被称为中间连接，或带状桥粒。参与黏着带连接的主要蛋白是钙黏着蛋白和肌动蛋白，它们之间相互作用，把两个细胞连接起来（图 3-14）。钙黏着蛋白的细胞内结构域经细胞质斑中的蛋白介导同肌动蛋白纤维相连，细胞质斑中含有 α-连环蛋白和 β-连环蛋白等，其中 β-连环蛋白直接与钙黏着蛋白的细胞质端相连，然后通过另一个蛋白质介导与肌动蛋白纤维相连。

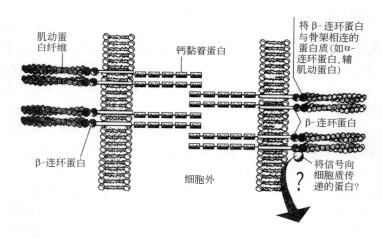

图 3-14 黏着带连接的结构（引自 Karp, 1999）

图示是黏着带的结构模式图。细胞黏着分子——钙黏着蛋白的细胞质部分通过连接蛋白（如 β-连环蛋白）同细胞骨架的肌动蛋白相连，而两细胞间则是靠钙黏着蛋白的相互作用将两细胞连接起来

黏着斑（adlhesion plaque）是细胞与细胞外基质进行连接，使细胞中的肌动蛋白丝束和基质连接起来的结构，连接处的质膜呈盘状，故称黏着斑。黏着斑的形成与解离对细胞的铺展和迁移有重要意义，如成纤维细胞在培养过程中的贴壁和铺展等。

与黏着带的根本区别是：黏着斑是细胞与细胞外基质进行连接，而黏着带是细胞与细胞间的黏着连接。此外，还有其他一些不同：①参与黏着带连接的膜整合蛋白是钙黏着蛋白，而参与黏着斑连接的是整联蛋白；②黏着带连接实际上是两个相邻细胞膜上的钙黏着蛋白与肌动蛋白的连接，而黏着斑连接是整联蛋白与细胞外基质中的纤黏连蛋白的连接。

三、通讯连接

通讯连接（communicating junction）是细胞间的一种连接通道，除连接作用外，其主要功能是通过细胞间小分子物质的交流介导细胞通讯。常见的通讯连接有间隙连接、胞间连丝和化学突触等连接方式。

1. 间隙连接

间隙连接（gap junction）是指相邻两细胞通过连接子对接形成通道，允许小分子的物质直接通过这种通道从一个细胞流向另一个细胞。间隙连接分布非常广泛，几乎所有的动物组织中都存在间隙连接。不同细胞的间隙连接单位由几个到 10^5 个不等。

在连接处相邻细胞间有 2～4nm 的缝隙，间隙连接的名称由此而来。构成间隙连接的基本单位称连接子。每个连接子由 6 个相同或相似的跨膜蛋白亚单位环绕，中心形成一个直径约 1.5nm 的孔道。相邻细胞质膜上的两个连接子对接便形成一个间隙连接单位，因此间隙连接也称缝隙连接或缝管连接。

许多间隙连接单位往往集结在一起，其区域大小不一，最大直径可达 $0.3\mu m$，因此可以用密度梯度离心技术将质膜上的间隙连接区域的膜片分离出来。

间隙连接能够允许小分子代谢物和信号分子通过是细胞间代谢偶联的基础。实验证明，间隙连接的通道可以允许相对分子质量小于 1×10^3 的分子通过（图 3-15），这表明细胞内的小分子（如无机盐离子、糖、氨基酸、核苷酸和维生素等）有可能通过间隙连接的孔隙，而蛋白质、核酸、多糖等生物大分子一般不能通过。间隙连接允许小分子代谢物和信号分子通过，是细胞间代谢偶联的基础，在协调细胞群体的生物学功能方面起重要作用；同时间隙连接能快速实现细胞间信号通讯、调节神经反射，为胚胎发育中细胞间的偶联提供信号物质的通路，因此，间隙连接在神经冲动信息传递、早期胚胎发育和细胞分化过程中起重要作用。间隙连接的通透性是可以调节的，在实验条件下，降低细胞 pH，或升高钙离子浓度均可降

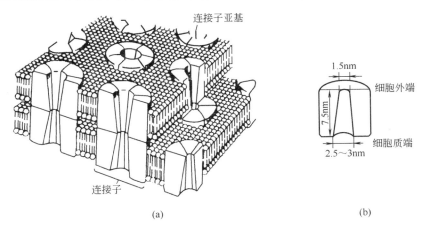

图 3-15 间隙连接的结构（引自 Wolfe，1993）

(a) 间隙连接的结构。相邻两细胞各提供一个连接子，并对接，在两胞质膜中形成圆柱形的通道。每个
连接子由 4 个或 6 个连接蛋白亚基构成环状结构。(b) 连接子的二维结构。在通道的细胞质面有一个
帽形的门，能够开放和关闭，调节通道中物质的移动

低间隙连接的通透性。当细胞破损时，大量钙离子进入，导致间隙连接关闭，以免正常细胞受到伤害。

2. 胞间连丝

胞间连丝是植物细胞特有的通讯连接。植物细胞有坚硬的细胞壁，相邻细胞壁之间有一层黏性多糖可以将细胞紧紧黏在一起，但真正将细胞连接在一起的只有胞间连丝。除极少数特化的细胞外，高等植物细胞之间通过胞间连丝相互连接，完成细胞间的通讯联络。

胞间连丝穿越细胞壁，其是由相互连接的相邻细胞的细胞质膜共同组成的直径为20～40nm的管状结构，中央是由内质网延伸形成的链管（连丝小管或连丝微管）结构（图3-16）。在链管与管状质膜之间是由胞液构成的环带。环带的两端狭窄，可能用以调节细胞间的物质交换。正常情况下，胞间连丝是在细胞分裂时形成的，然而在非姐妹细胞之间也存在胞间连丝，而且在细胞生长过程中胞间连丝的数目还会增加。

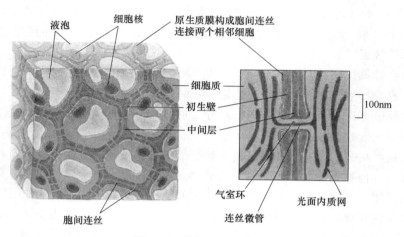

图 3-16　胞间连丝的结构

胞间连丝的功能与动物细胞间的间隙连接类似。胞间连丝形成了物质从一个细胞进入到另一个细胞的通路，所以在植物细胞中实现了细胞间由信号介导的物质有选择性的转运及电传导等。

3. 化学突触

化学突触（chemical synapse）是存在于神经元和神经元之间、神经元和效应器细胞之间的细胞连接方式。由突触前膜、突触间隙和突触后膜构成，通过释放神经递质传导神经冲动。在信息传递过程中，需要将电信号转化为化学信号，再将化学信号转化为电信号。在哺乳动物中，进行突触传递的几乎都是化学突触。

总之，多细胞生物通过细胞连接将众多相关细胞连接成一个协调活动的有机整体，不同的细胞之间、细胞与基质之间，细胞连接方式及所执行的功能不同；即使同种细胞之间，所连接的部位不同，细胞连接方式及所执行的功能也不同。各种细胞连接的比较见表3-1和图3-17。

表 3-1　各种细胞连接的比较

封 闭 连 接		紧 密 连 接	上 皮 组 织
锚定连接	连接肌动蛋白	黏着带	上皮组织
		黏着斑	上皮细胞基部
	连接中间纤维	桥粒	心肌、表皮
		半桥粒	上皮细胞基部

续表

封闭连接	紧密连接	上皮组织
通讯连接	间隙连接	大多数动物组织中
	胞间连丝	植物细胞间
	化学突触	神经细胞间和神经-肌肉间

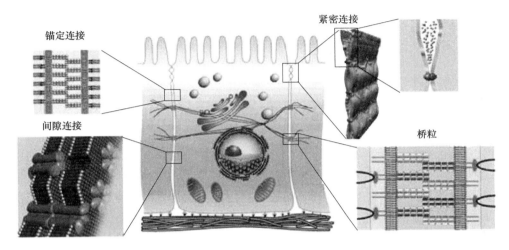

图 3-17　几类细胞连接的比较

第四节　物质的跨膜运输和信号传递

细胞膜是细胞与细胞外环境之间的一种选择性通透屏障，物质的跨膜运输对细胞的生存和生长至关重要。多细胞生物是一个繁忙而有序的细胞社会，这种社会性的维持不仅依赖于细胞的物质代谢与能量代谢，还有赖于细胞通讯与信号传递，以协调细胞的行为。

一、物质的跨膜运输

物质的跨膜运输是细胞维持正常生命活动的基础之一，它分为被动运输、主动运输和胞吞与胞吐作用三类。

1. 被动运输

被动运输（passive transport）是物质顺浓度梯度或电化学梯度运输的跨膜运动方式，不需要细胞提供代谢能量。被动运输分为简单扩散和协助扩散两种。

（1）简单扩散　简单扩散（simple diffusion）也叫自由扩散，是指分子或离子以自由扩散的方式跨膜转运，不需要细胞提供能量，也没有膜蛋白的协助。相对分子质量小的疏水分子、小的不带电荷的极性分子可以进行自由扩散。如 O_2、CO_2、N_2、H_2O、乙醇、甘油、尿素、苯等。

其特点为：沿浓度梯度（或电化学梯度）扩散；不需要提供能量；没有膜蛋白的协助。

（2）协助扩散　协助扩散（facilitated diffusion）也称促进扩散，是各种极性分子和无机离子，如糖、氨基酸、核苷酸以及细胞代谢物等，在膜转运蛋白的协助下，顺其浓度梯度或电化学梯度的跨膜转运。该过程不需要细胞提供能量，但需要特异的膜蛋白的协助。膜转运蛋白主要有载体蛋白和通道蛋白两种类型（图 3-18）。

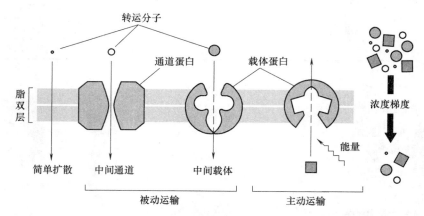

图 3-18　物质的跨膜运输

① 载体蛋白（carrier protein）。是一种跨膜蛋白，可溶于脂双层，它能与特定的分子或离子进行暂时性、可逆的结合和分离，通过自身构象的改变，将某种物质由膜的一侧运向另一侧，且不用提供任何能量。这类载体蛋白具有酶的性质，但与酶不同的是载体蛋白不对转运分子做任何共价修饰。载体蛋白具有高度的特异性，一种载体蛋白只能运输一类甚至一种分子或离子。另外，载体蛋白既参与被动的物质运输，也参与主动的物质运输。

② 通道蛋白（channel protein）。是横跨质膜的亲水性通道，允许适当大小的分子和带电荷的离子顺浓度梯度通过，故又称离子通道。有些通道蛋白形成的通道通常处于开放状态，如钾泄漏通道，允许钾离子不断外流。有些通道蛋白平时处于关闭状态，即"门"不是连续开放的，仅在特定刺激下才打开，而且是瞬时开放瞬时关闭，在几毫秒的时间里，一些离子、代谢物或其他溶质顺着浓度梯度自由扩散通过细胞膜，这类通道蛋白又称为门通道。目前发现的通道蛋白已有 50 多种，主要是离子通道。其特点为：具有离子选择性，转运速率高，只介导被动运输。

2. 主动运输

主动运输（active transport）是由载体蛋白所介导的物质逆浓度梯度或电化学梯度由浓度低的一侧向高浓度的一侧进行跨膜转运的方式。它不仅需要载体蛋白，而且还需要消耗能量。根据主动运输过程所需能量来源的不同可归纳为由 ATP 直接提供能量和间接提供能量（协同运输）的两种基本类型。

（1）ATP 直接提供能量的主动运输——钠钾泵（Na^+-K^+泵）　在细胞质膜的两侧存在很大的离子浓度差，特别是阳离子浓度差。如海藻细胞中碘的浓度比周围海水高 200 万倍，但它仍然可以从海水中摄取碘；人红细胞中 K^+ 浓度比血浆中高 30 倍，而 Na^+ 浓度则是血浆比红细胞中高 6 倍等。一般的动物细胞要消耗 1/3 的总 ATP 来维持细胞内低 Na^+ 高 K^+ 的离子环境，神经细胞则要消耗 2/3 的总 ATP，这种特殊的离子环境对维持细胞内正常的生命活动，对神经冲动的传递以及对维持细胞的渗透平衡、恒定细胞的体积都是非常必要的。K^+ 和 Na^+ 的逆浓度与电化学梯度的跨膜转运是一种典型的主动运输方式，它是由 ATP 直接提供能量，通过细胞质膜上的 Na^+-K^+ 泵来完成的。

Na^+-K^+ 泵实际上就是镶嵌在质膜脂双层中具有运输功能的 ATP 酶，即 Na^+-K^+ ATP

酶，它本身是一种载体蛋白，也是一种 ATP 酶。Na^+-K^+ ATP 酶是由 2 个 α 大亚基、2 个 β 小亚基组成的四聚体。Na^+-K^+ ATP 酶通过磷酸化和去磷酸化过程发生构象的变化，导致与 Na^+、K^+ 的亲和力发生变化。在膜内侧 Na^+ 与酶结合，激活 ATP 酶活性，使 ATP 分解并将所产生的高能磷酸基团与酶结合，酶被磷酸化，导致构象发生变化，引起与 Na^+ 结合的部位转向膜外侧，这种磷酸化的酶对 Na^+ 的亲和力低，而对 K^+ 的亲和力高，因而在膜外侧释放出 Na^+ 并与 K^+ 结合；K^+ 与磷酸化酶结合后促使酶去磷酸化，酶的构象恢复原状，于是与 K^+ 结合的部位转向膜内侧，此时 K^+ 与酶的亲和力降低，使 K^+ 在膜内被释放，而又与 Na^+ 结合。如此反复，细胞膜不断逆浓度梯度将 Na^+ 转出细胞外、K^+ 转入细胞内。其每循环 1 次，消耗一个 ATP，转出 3 个 Na^+，转进 2 个 K^+（图 3-19）。

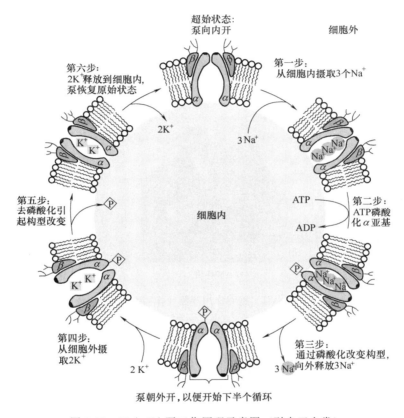

图 3-19　Na^+-K^+ 泵工作原理示意图（引自王金发）

Na^+-K^+ 泵通常分布在动物细胞膜上，而在植物、细菌和真菌的细胞膜上分布的是质子泵（H^+-泵），能将 H^+ 泵出细胞，建立跨膜的 H^+ 电化学梯度，驱动转运溶质进入细胞。其作用原理与 Na^+-K^+ 泵相同。此外，与之相类似的还有钙泵等。

（2）协同运输　协同运输（cotransport）是一类由 Na^+-K^+ 泵（或 H^+-泵）与载体蛋白协同作用，靠间接消耗 ATP 所完成的主动运输方式，又称偶联运输。物质跨膜运输所需要的直接动力来自膜两侧离子的电化学浓度梯度，而维持这种离子电化学梯度则是通过 Na^+-K^+ 泵（或 H^+-泵）消耗 ATP 所实现的。动物细胞是利用膜两侧的 Na^+ 电化学梯度来驱动的，而植物细胞和细菌常利用 H^+ 电化学梯度来驱动。

协同运输可分为同向协同（共运输）和反向协同（对向运输）两种类型（图 3-20）。当物质运输方向与离子转运方向相同时，称为同向协同（共运输），如动物细胞的葡萄糖和氨基酸就是与 Na^+ 同向协同运输；否则为反向协同（对向运输）。

3. 胞吞作用与胞吐作用

大分子和颗粒物质（如蛋白质、多糖等）进出细胞时都是由膜包围，形成小膜泡，在转运过程中，物质包裹在脂双层膜围绕的囊泡中，因此称为膜泡运输。膜泡运输分为胞吞作用和胞吐作用（图 3-21）。

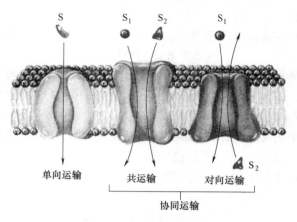

图 3-20　协同运输示意图

（1）胞吞作用　外界进入细胞的大分子物质先附着在细胞膜的外表面，此处的细胞膜凹陷入细胞内，将该物质包围形成小泡，最后小泡与细胞膜断离而进入细胞内的过程称为胞吞作用（endocytosis）。

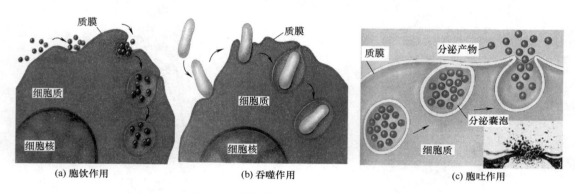

图 3-21　胞吞作用和胞吐作用示意图

固态的物质进入细胞内，称为吞噬作用，吞入的小泡叫吞噬体。液态的物质进入细胞内，称为胞饮作用，吞入的小泡叫胞饮泡。

（2）胞吐作用　大分子物质由细胞内排到细胞外时，被排出的物质先在细胞内被膜包裹，形成小泡，小泡渐与细胞膜相接触，并在接触处出现小孔，该物质经小孔排到细胞外的过程称为胞吐作用（exocytosis）。

胞吞作用和胞吐作用都伴随着膜的运动，主要是膜本身结构的融合、重组和移位，这都需要能量的供应，属于主动运输。实验证明，如果细胞氧化磷酸化被抑制，肺巨噬细胞的吞噬作用就会被阻止。在分泌细胞中，如果 ATP 合成受阻，则胞吐作用不能进行，分泌物无法排到细胞外。

二、细胞通讯与信号传递

多细胞生物是一个繁忙而有序的细胞社会，这种社会性的维持不仅依赖于细胞的物质代谢与能量代谢，还有赖于细胞通讯与信号传递，从而以不同的方式协调它们的行为，诸如细胞生长、分裂、死亡、分化及其各种生理功能。

1. 细胞通讯与细胞识别

（1）细胞通讯　细胞通讯（cell communication）是指一个细胞发出的信息通过介质传

递到另一个细胞产生相应的反应。

细胞间的通讯对于多细胞生物体的发生和组织的构建，协调细胞的功能，控制细胞的生长和分裂是必需的。如：①调节代谢，通过对代谢相关酶活性的调节，控制细胞的物质和能量代谢；②实现细胞功能，如肌肉的收缩和舒张、腺体分泌物的释放；③调节细胞周期，使DNA复制相关的基因表达，细胞进入分裂和增殖阶段；④控制细胞分化，使基因有选择性地表达，细胞不可逆地分化为有特定功能的成熟细胞；⑤影响细胞的存活。

细胞通讯的方式有三种：①细胞通过分泌化学信号进行细胞间相互通讯，这是多细胞生物包括动物和植物最普遍采用的通讯方式，即通过信号分子；②细胞间接触性依赖的通讯，细胞间直接接触，通过与质膜结合的信号分子影响其他细胞；③细胞间形成间隙连接使细胞质相互沟通，通过交换小分子来实现代谢偶联或电偶联。

细胞通讯的基本过程是：①合成信号分子，一般的细胞都能合成信号分子，而内分泌细胞是信号分子的主要来源；②细胞释放信号分子，这是一个很复杂的过程，特别是蛋白质类的信号分子，要经过内膜系统的合成、加工、分选和分泌，最后释放到细胞外；③信号分子向靶细胞运输，运输的方式很多，但主要是通过血液循环系统运送到靶细胞；④靶细胞对信号分子的识别和检测，主要通过位于细胞质膜或细胞内受体蛋白的选择性的识别和结合；⑤转化为细胞内的信号，以完成其生理作用；⑥终止信号分子的作用，在信号传递中，细胞将细胞外信号分子携带的信息转变为细胞内信号的过程称之为信号转导（signaltransduction）。

（2）细胞识别　细胞识别（cell recognition）是指细胞通过其表面的受体与胞外信号物质分子（配体）选择性地相互作用，从而导致胞内一系列生理生化变化，最终表现为细胞整体的生物学效应的过程。

细胞识别是细胞通讯的一个重要环节。细胞接受外界信号，通过一整套特定的机制，将胞外信号转导为胞内信号，最终调节特定基因的表达，引起细胞的应答反应，这是细胞信号系统的主线，这种反应系列称之为细胞信号通路。细胞识别正是通过各种不同的信号通路实现的。

2. 通过细胞内受体介导的信号传递

细胞内受体主要位于细胞核，也有的位于胞质溶胶中。位于胞质溶胶中的受体要与相应的配体结合后才可进入细胞核。胞内受体识别和结合的是能够穿过细胞质的小的脂溶性信号分子，如各种类甾醇激素、甲状腺素、维生素D等。细胞内受体的基本结构都很相似，有极大的同源性。细胞内受体有两个不同的结构域，一个是与DNA结合的结构域，另一个是激活基因转录的N端结构域。此外还有两个结合位点，一个是与配体结合的位点，位于C端，另一个是与抑制蛋白结合的位点，在没有与配体结合时，则由抑制蛋白抑制受体与DNA的结合，若是有相应的配体，则释放出抑制蛋白（图3-22）。

激素与受体特异结合形成激素-受体复合物。该复合物穿过核膜孔进入细胞核，与染色质相结合，启动基因转录。该步骤可分为两阶段：①直接诱导少数特殊基因转录，称为初级反应；②初级反应的基因产物再活化其他基因，产生延迟的次级反应。后者起到对激素原初作用的放大效应。初级反应的发生相当迅速，如可的松醋酸酯在几分钟内就可诱导新的特殊的mRNA合成。

3. 通过细胞表面受体介导的信号传递

位于细胞质膜上的受体称为表面受体。表面受体主要是识别周围环境中的活性物质或被相应的信号分子所识别，并与之结合，将外部信号转变成内部信号，带来一系列反应而产生特定的生物效应。细胞表面受体有三种类型：离子通道偶联的受体、G蛋白偶联的受体及与酶连接的受体（图3-23）。

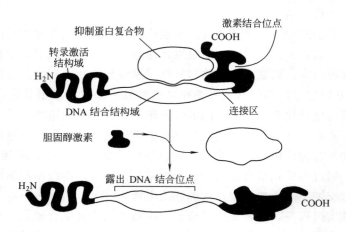

图 3-22　细胞内受体的结构模式图（引自 Alberts 等，1998）

受体中有两个结构域和两个结合位点。在非活性状态，受体与抑制蛋白复合物结合。当配体与受
体结合，使得抑制蛋白复合物与受体脱离，因而暴露出与 DNA 结合的结构域

(a) 离子通道偶联受体

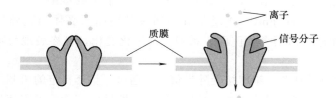

(b) G蛋白偶联受体

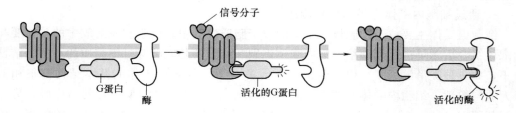

(c) 与酶偶联受体

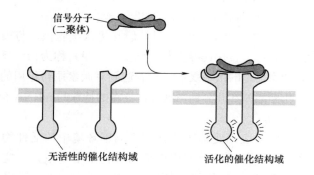

图 3-23　三种类型的细胞表面受体（引自翟中和，2001）

（1）离子通道偶联的受体　　离子通道受体多是由若干相同或不同的亚单位组成的复合受体，数个亚单位组成穿透细胞膜的离子通道，某些亚单位上有配体结合的部位——受体。当配体和受体结合后，离子通道开放。具有离子通道作用的细胞质膜受体称为离子通道偶联受体，这种受体主要见于可兴奋细胞间的突触信号传递。如烟碱样乙酰胆碱受体、甘氨酸受体等都是离子通道偶联的受体。

离子通道偶联的受体多为由数个亚基组成的寡聚体蛋白，除有配体结合位点外，其本身就是离子通道的一部分，当信号分子同离子通道受体结合，可改变通道蛋白的构象，导致离子通道的开启或关闭，改变质膜的离子通透性，在千分之一秒内将胞外化学信号转换为电信号，继而改变突触后细胞的兴奋性。

离子通道偶联的受体既可分布在可兴奋细胞的细胞膜上，也可分布在内质网或其他细胞器的膜上。这类受体对配体具有特异性选择；激活的通道对运输的离子也有选择性，例如在肌细胞质膜上由乙酰胆碱激活的通道，选择性运输 Na^+ 和 Ca^{2+}，由 γ-氨基丁酸（GABA）激活的通道选择性运输 Cl^-，因此，这两种门通道分别命名为乙酰胆碱门 Na^+ 和 Ca^{2+} 通道以及 γ-氨基丁酸门 Cl^- 通道。

（2）与 G 蛋白偶联的受体　　与 G 蛋白偶联的受体，就是受体与酶或离子通道的作用要通过与 GTP 结合的调节蛋白，G 调节蛋白（或 G 蛋白）的偶联，在细胞内产生第二信使，从而将外界信号跨膜传递到细胞内。G 蛋白偶联的受体是最大的一类细胞表面受体。

G 蛋白偶联型受体的种类很多，在结构上都很相似，为 7 次跨膜蛋白。受体胞外结构域识别胞外信号分子并与之结合，胞内结构域与 G 蛋白偶联。通过与 G 蛋白偶联，调节相关酶活性，在细胞内产生第二信使（如 cAMP），从而将胞外信号跨膜传递到胞内。例如 cAMP 信号通路：细胞外信号和相应的受体结合，导致胞内第二信使 cAMP 的水平变化而引起细胞反应的信号通路。其反应链为：激素→G 蛋白偶联受体→G 蛋白→腺苷酸环化酶→cAMP→cAMP 依赖的蛋白激酶 A→基因调控蛋白→基因转录。cAMP 增高，则促使细胞内特异性蛋白质的合成，导致细胞分化，并抑制细胞分裂。

（3）与酶偶联的受体　　与酶偶联的受体是一类本身具有酪氨酸蛋白激酶（TPK）活性的单条肽链一次跨膜糖蛋白。这种受体蛋白既是受体又是酶，一旦被配体激活即具有酶活性并将信号放大，又称催化受体。这类受体传导的信号主要与细胞生长、分裂有关。

当受体与配体结合而被活化时，引起受体细胞内区域肽链上的酪氨酸残基磷酸化，增强了 TPK 的活性，同时将来自 ATP 的磷酸化基团转移到靶蛋白的羟基上，启动细胞内级联靶蛋白磷酸化，触发细胞的分裂增殖。此类受体的特点是通过自身 TPK 的活性完成信号转换，其第二信使是磷酸化的靶蛋白。

思　考　题

1. 细胞膜主要由哪些物质组成？它们在膜结构中各起什么作用？
2. 细胞膜的功能有哪些？
3. 从生物膜结构模型的演化谈谈人们对生物膜结构的认识过程。
4. 影响质膜流动性的因素有哪些？
5. 细胞连接可分为哪几种类型？它们的结构特点及生物学功能如何？

6. 物质穿膜运输有哪几种方式? 比较它们的异同点。

7. 说明 Na^+-K^+ 泵的结构与作用。

8. 试述细胞以哪些方式进行通讯? 各种方式之间有何不同?

9. 试述信息跨膜传递的方式及其机制。

10. 解释下列名词：生物膜、流动镶嵌模型、细胞表面、吞噬作用、细胞连接、桥粒、胞间连丝、细胞通讯、细胞识别。

第四章　细胞质基质与细胞内膜系统

【学习目标】

1. 理解细胞质基质与细胞内膜系统的基本含义。
2. 掌握细胞内膜系统各部分的结构与功能。

内膜是相对于细胞膜而言的，是位于细胞质中的膜性结构。内膜将细胞内部区室化，形成执行不同功能的膜性细胞器，同时内膜在细胞极为有限的空间内建立了巨大的膜表面积，使与代谢有关的酶系镶嵌于膜上或集聚于细胞器内部，从而确保细胞内的各类代谢能在特定的环境下高效有序地进行。细胞的内膜系统（endomembrane system）是指位于细胞质内，在结构、功能乃至发生上相关的，由膜围绕的细胞器或细胞结构；或者说是由膜分隔形成的具有连续功能的系统。它是真核细胞所特有的结构，主要包括内质网、高尔基体、溶酶体和分泌泡等。

内膜系统分布于细胞质基质中。细胞质基质是细胞质中除各种细胞器和内含物以外的较为均质而半透明的液态胶状物质。它是细胞的重要组成成分，对细胞内的物质代谢、能量交换、物质运输及信号传递等有重要作用。

在细胞质内，除了上述的细胞器外，还有其他重要的细胞器和细胞结构，如核糖体、线粒体、叶绿体、中心粒以及微管、微丝、中等纤维等。所有这些细胞器在细胞基质中各有其特异的蛋白质组成，具有一定的形态结构，执行一定的生理功能。在细胞中，各细胞器之间以及细胞器与细胞质基质之间相互依存，高度协调，从而高效有序地进行各种复杂的功能活动。

第一节　细胞质基质

一、细胞质基质的概念和组成

1. 细胞质基质的概念

细胞质中除去细胞器和内含物以外的、较为均质半透明的液态胶状物质称为细胞质基质（cytoplasmic matrix 或 cytomatrix），也称为胞质溶胶或胞液（cytosol）。用生化差速离心法除去细胞器和质膜等结构后，其上清液部分为细胞质基质成分，生化学者多称为胞质溶胶（胞液）。细胞质基质和胞质溶胶，二者虽有差异但常等同使用。也有的学者把它们看做既密切相关但又明显不同的两个概念。

2. 细胞质基质的组成

经生化分析表明，细胞质基质中含有大量的水和无机离子，如 Na^+、K^+、Ca^{2+}、Mg^{2+}、Cl^- 等；含有各种代谢的中间产物，如脂类、糖类、氨基酸、核苷酸及其衍生物等；

还含有蛋白质、脂蛋白、RNA、多糖等大分子物质。细胞质基质中存在着大量的酶，这些酶大多数与细胞进行蛋白质合成、核酸合成、脂肪酸合成、糖酵解途径以及糖原代谢作用等代谢反应有关。同时构成微丝微管的各种蛋白质、细胞进行各种反应所需的 ATP 等都存在于细胞质基质中。

在细胞质基质中，水分子约占 70%。多数的水分子是以水合物的形式紧密地结合在蛋白质或其他大分子表面的极性部位，只有少部分水分子以游离态存在，起溶剂作用。在细胞质基质中，蛋白质的含量占 20%～30%，其中多数的蛋白质，包括水溶性蛋白，并不是以溶解状态存在的，而是直接或间接地与细胞质骨架结合，或与生物膜结合。免疫荧光技术显示，与糖酵解过程有关的一些酶就是结合在微丝上，在骨骼肌细胞中则结合于肌原纤维的某些特殊位点上。这种特异性的结合与细胞的生理状态、发育和分化程度有关。另外，基质中的蛋白质与蛋白质之间，蛋白质与其他大分子之间，都是通过非常弱的键而相互作用的，并且这种结合常处于动态平衡之中，从而完成特定的生物学功能。如与糖酵解有关的酶类，彼此间以弱键结合在一起形成多酶复合体，位于基质中的特定部位，催化从葡萄糖到丙酮酸的一系列反应。前一个反应的产物即为后一个反应的底物，两者之间的距离仅为几个纳米，各个反应途径之间也以类似的方式相互关联，从而有效地完成复杂的代谢过程。由此可知细胞质基质是一种高度有序且又不断变化的结构体系。

二、细胞质基质的功能

1. 细胞质基质是细胞内物质代谢的重要场所

研究表明，细胞内所有的中间代谢过程均发生在细胞质中，其中大部分是在细胞质基质中进行的。例如，糖酵解过程、磷酸戊糖途径、糖醛酸途径、糖原的合成与部分分解过程等，都是在细胞质基质中完成的；此外，蛋白质和脂肪酸的合成与分解也是在细胞质基质中进行的。近年来，人们对细胞质基质中合成的蛋白质的分选转运机制的研究取得了重要进展，已证明蛋白质的合成一般起始于细胞质基质中，然后根据其 N 端含有的分选信号序列而被转运到内质网上继续进行蛋白质的合成。那些没有分选信号的蛋白质的合成均在细胞质基质中完成，并且根据蛋白质自身所携带的信号不同而被分选转运到不同的细胞器，剩余的蛋白质则驻留于细胞质基质之中，成为其结构成分。

2. 细胞质基质与细胞质骨架密切相关

由于构成细胞质骨架的蛋白质存在于细胞质基质中，因此许多学者认为细胞质骨架是细胞质基质的主要结构成分，它对维持细胞形态、细胞运动、细胞内的物质运输以及能量传递等有着重要作用，同时也为细胞质基质中的其他成分及细胞器提供了锚定位点。如果离开了细胞质骨架的支持和组织，细胞质基质中的其他成分就失去了锚定点，随之也就丧失了复杂的高度有序的结构体系，从而无法完成各种生物学功能。

也有些学者认为细胞质骨架不属于细胞质基质，细胞质骨架是细胞中主要的结构体系。但是骨架的各种蛋白质存在于细胞质基质中，骨架的主要成分，特别是微管和微丝的装配和解聚与周围液相中的骨架蛋白始终处在一种动态平衡之中，难以区分。如果离开细胞质基质的特定环境，骨架系统也难以行使其功能。因此有些学者对细胞质基质提出了新的解释，认为细胞质基质是由微管、微丝和中等纤维等形成的相互联系的结构体系，其中蛋白质和其他分子以凝集和暂时凝集状态存在，并与周围液相中的分子处于动态平衡中。目前，有关细胞质骨架的研究进展很快，相关的知识将在以后的有关章节讲述。

3. 细胞质基质在蛋白质的修饰、蛋白质寿命的控制以及蛋白质选择性降解等方面有重

要作用

　　现已发现的蛋白质侧链修饰有 100 余种，其中绝大多数的修饰是由专一的酶作用于蛋白质侧链的特定位点。已知在细胞质基质中发生的蛋白质修饰主要有：辅酶或辅基与酶的共价结合；蛋白质生物活性的磷酸化、去磷酸化；将 N-乙酰葡萄糖胺分子加到丝氨酸残基上的糖基化以及某些蛋白质分子末端的甲基化修饰等。这些不同形式的修饰，调节蛋白质的生物活性。同时，细胞质基质还在控制蛋白质寿命、降解变性和错误折叠的蛋白质以及帮助变性或错误折叠的蛋白质重新折叠为新的正确的分子构象等方面起重要作用。实验表明，蛋白质分子的氨基酸序列中有决定蛋白质寿命的信号。细胞质基质中的某些小分子蛋白质（如泛素）能够识别蛋白质 N 端不稳定的氨基酸信号并准确地将这种蛋白质降解。同样也可以识别变性和错误折叠的蛋白质并使其降解。另外，在一些特殊环境下，如高温，细胞质基质中大量受热激而表达的热激蛋白会结合变性蛋白，并利用水解 ATP 所释放的能量使变性蛋白质重新恢复正确构象，从而保护机体免受伤害。目前，有关这些重要功能的机制还在进一步研究之中。

　　应指出的是，原核细胞中虽然没有由膜包围的细胞器，但与真核细胞相比，也同样存在着细胞质基质，里面含有大量的与代谢有关的酶、RNA 分子、核糖体等，对细胞的生命活动起着重要的作用。

第二节　内　质　网

　　内质网（endoplasmic reticulum，ER）是真核细胞中的重要细胞器，也是内膜系统的主要组成之一。1945 年 K. R. Porter 和 A. D. Claude 等在培养小鼠成纤维细胞时，通过电子显微镜初次观察到细胞质内有一些网状结构，称为内质网。后来的研究发现，内质网普遍存在于动植物细胞内，是细胞内除核酸以外的一系列重要的生物大分子（蛋白质、脂质和糖类）合成的基地。随着电子显微镜技术、生化分离技术以及免疫组织化学技术的不断改进与应用，人们对内质网结构与功能的理解越来越深入。

一、内质网的形态结构和类型

1. 内质网的形态结构

　　内质网是由一层单位膜围成的小管、小囊和扁囊所构成的网状结构，膜厚约 5～6nm。通常情况下，这些小管、小囊或扁囊相互连接，形成一个连续的、封闭的网状膜系统，其内腔是相连通的（图 4-1）。内质网通常占细胞膜系统的一半左右，体积约占细胞总体积的 10% 以上。在不同类型的细胞或同一细胞不同的发育阶段，内质网的数量、类型与形态差异很大。

　　内质网膜和外层核膜相连续，内质网内的腔与两层核膜之间的腔相连通，但内质网和细胞质膜是不连续的。用改进的电镜技术进一步观察，证明过去所见的质膜与 ER 的连续性是一种光学的人工效应，主要因为相邻接的成分在切片上重叠所致。

2. 内质网的类型

　　根据内质网表面有无核糖体，可分为糙面内质网（rough endoplasmic reticulum，rER）和光面内质网（smooth endoplasmic reticulum，sER）两种基本类型。

　　（1）糙面内质网（rER）　糙面内质网又称为粗面内质网或颗粒型内质网。rER 在细胞

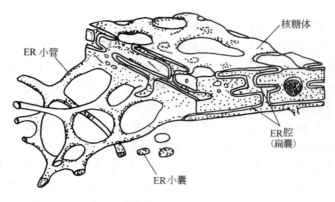

图 4-1　内质网立体结构模式图（引自 Krstic R. V.）

中多呈扁囊状，排列较为整齐，因其膜的外表面附着有大量颗粒状的核糖体，所以表面粗糙，称为糙面内质网。rER 是内质网与核糖体共同形成的复合机能结构，主要的功能是合成分泌性的蛋白质和多种膜蛋白。因此在分泌细胞中，糙面内质网非常发达（图 4-2）。如胰腺细胞中，ER 占整个细胞质体积的 3/4，在肝细胞中，根据实验估计 1mL 肝细胞包含的 ER 膜表面积约有 $11m^2$，其中 2/3 为 rER。而在一些未分化的细胞与肿瘤细胞中则较为稀少。所以，一般来说，可根据糙面内质网的发达程度来判断细胞的功能状态和分化程度。

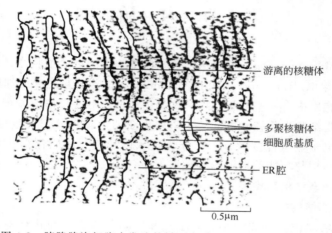

图 4-2　胰腺腺泡细胞中发达的糙面内质网（Darnell 等，1986）

（2）光面内质网（sER）　光面内质网又称滑面内质网或无颗粒型内质网。这类内质网的膜表面没有核糖体附着，所以表面光滑。光面内质网的结构与糙面内质网不同，多为分支小管或小囊构成的细网，很少有扁囊状的。小管直径为 50～100nm，它们连接成网，形成较为复杂的立体结构（图 4-3）。

　　光面内质网广泛存在于能合成类固醇的细胞中，如精巢的间质细胞、肾上腺皮质细胞和其他分泌固醇类激素的细胞及肝细胞。它是脂质合成的重要场所。细胞中几乎不含有纯的光面内质网，它们只是作为内质网这一连续结构的一部分。光面内质网所占的区域通常较小，往往作为出芽的位点，将内质网上合成的蛋白质或脂类转移到高尔基体内。但在某些细胞中，光面内质网非常发达并且有特殊的功能，如在横纹肌细胞中的内质网全为光面内质网，并呈特殊网形；平滑肌细胞的 ER 也为 sER；植物细胞的 sER 多沿着细胞表面集中在细胞

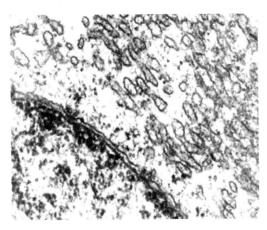

图 4-3　sER 的形态

(引自 http://www. uni-mainz. de)

壁形成的区域。可见 sER 是一种多机能性结构，对不同机能下的形态特征及其差异本质尚不甚了解。

3. 内质网的主要组成

应用蔗糖密度离心方法，可以从细胞匀浆中分离出内质网的碎片——微粒体。通过对微粒体的生化分析，得知内质网膜和所有细胞的生物膜一样，也由脂类和蛋白质组成。ER 中脂类约占 1/3，蛋白质约占 2/3，相比较而言，rER 中蛋白质含量多于 sER。内质网膜的脂类含量比细胞膜的少，蛋白质含量比细胞膜的多。脂类主要成分为磷脂，磷脂酰胆碱含量较高，鞘磷脂含量较少，没有或很少含胆固醇。ER 约有 30 多种膜结合蛋白，另有 30 多种蛋白质位于内质网腔中，这些蛋白的分布具有异质性。内质网膜还含有大量的酶，其中葡萄糖-6-磷酸酶被视为内质网膜的标志酶。

大量的研究证明，在内质网膜上可能有某些特殊的装置，将光面内质网与糙面内质网的部位间隔开来，并维持其形态。否则在内质网膜这个二维的流体结构中，不同区域的脂质和蛋白质就会因侧向扩散而趋于平衡。

二、内质网的功能

内质网作为一个复杂的网状膜系统，以其自身的形态结构在细胞的有限空间内增大了膜的表面积，以利于许多酶类的分布和各种生化反应过程高效率地进行。同时内质网是细胞内蛋白质与脂类合成的基地，几乎全部的脂类和多种重要的蛋白质都是在内质网上合成的。此外，内质网与糖类代谢、解毒作用、物质储运等密切相关。

1. 蛋白质的合成、加工修饰和转运

（1）蛋白质的合成和转移　　细胞中的蛋白质都是在核糖体上合成的，并且起始于细胞质基质中。但是有些蛋白质在合成开始不久便转到内质网膜上进行合成。附着在 rER 上的核糖体所合成的蛋白质主要有：向细胞外分泌的分泌蛋白，如酶、抗体、激素和细胞外基质成分等；跨膜蛋白；驻留蛋白和溶酶体蛋白；需要进行修饰的蛋白，如糖蛋白等。这些蛋白质的多肽链往往是边合成边进入内质网的。

糙面内质网上进行的蛋白质合成和转移是一个非常复杂的过程。近年来有关这方面的研究比较深入，其中 G. Blobel 和 D. Sabatini 等（1975 年）提出的信号假说（signal hypothesis）得到众多学者的支持，Blobel 因此项发现获 1999 年诺贝尔生理医学奖。按信号假说，内质网上进行的蛋白质合成和转移过程可用图 4-4 表示。

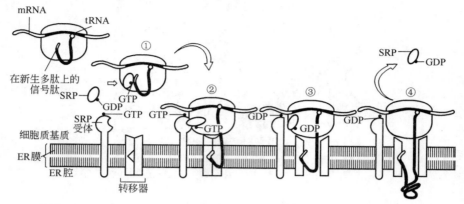

图 4-4　在结合膜的核糖体上合成分泌蛋白示意图（仿 Karp G.，1999）

① 信号肽的合成。蛋白质的合成是从 mRNA 结合到游离的核糖体开始的。信号假说认为，在合成分泌蛋白时，游离的核糖体首先合成了一段多肽，在这段多肽的 N 端含有信号序列，为 18～30 个非极性氨基酸残基构成，它指导新生多肽到内质网膜上。这种能引导新合成的肽链转移到内质网上的多肽就是信号肽（signal peptide）。信号肽还能引导游离的核糖体与内质网膜结合，从而成为附着核糖体，而那些不能合成信号肽的核糖体仍散布于细胞质基质中，即为游离核糖体。

② SRP-核糖体复合体形成。近年来研究证明，在细胞质基质中有一种信号识别颗粒（signal recognition particle，SRP），它主要由 6 个不同的多肽亚单位和一个小的 RNA 分子组成，为一种 GTP 结合蛋白。当信号肽从核糖体上一出现，就被信号识别颗粒（SRP）所识别。SRP 迅速与信号肽和核糖体结合，形成 SRP-核糖体复合体。此时，SRP 占据了核糖体上与 tRNA 结合的位置，阻止了携带氨基酸的 tRNA 进入核糖体，从而使蛋白质的合成暂时中止。

③ SRP-核糖体复合体与内质网膜结合。SRP 不仅可识别核糖体上的信号肽，而且还能识别糙面内质网膜上的 SRP 受体。当 SRP-核糖体复合体形成后，在 SRP 的介导下逐渐向内质网膜靠近，与之接触后便与膜上的 SRP 受体结合。与此同时，核糖体则与内质网膜上的转移器相结合，从而加强了核糖体与内质网结合的稳定性。

SRP 受体亦称停泊蛋白，为膜嵌蛋白，暴露于内质网膜的外表面，可与 SRP 特异结合，当核糖体附着于内质网膜之后，SRP 便与 SRP 受体分离，又回到细胞质基质中，准备完成下一次介导任务，实现了 SRP 循环。

转移器也是膜嵌蛋白，它只存在于糙面内质网，而不存在于光面内质网和原核细胞的细胞膜。

④ 多肽链进入内质网腔。一旦核糖体牢固结合于内质网膜上，新生肽链含信号肽的一端插入到转移器的通道，信号肽结合到转移器内的一个位点，触发打开到内质网腔的通道，同时 SRP 被释放，先前处于暂停状态的肽链合成又重新开始，新生肽链随信号肽继续延伸，并通过转移器的通道进入内质网腔。

新生的多肽链边合成边向 ER 腔转移，当新合成的蛋白质的羧基端通过 ER 膜时，位于内质网腔面的信号肽酶将信号肽切除，并从转移器孔释放出来，进入内质网腔，很快被其他蛋白酶降解成氨基酸。此时转移器通道关闭，核糖体也随之解离，脱离内质网，重新加入"核糖体循环"。

综上所述，蛋白质转入内质网合成的过程可简单表示为：信号肽与SRP结合→肽链延伸终止→SRP与受体结合→SRP脱离信号肽→肽链在内质网上继续合成，同时信号肽打开转移器的通道→新生肽链进入内质网腔→信号肽被切除→肽链延伸至终止→合成体系解散。

值得说明的是，ER上核糖体所合成的如果是分泌蛋白，多肽链则全部穿过ER膜进入ER腔中；若是膜蛋白则存留于ER膜上，形成跨膜蛋白。注定留在膜内的跨膜蛋白的转移过程比可溶性蛋白的转移更为复杂。

（2）蛋白质的修饰与加工　进入内质网的蛋白质发生的化学修饰作用主要有糖基化、羟基化、酰基化与二硫键的形成等。糖基化是内质网中最常见的蛋白质修饰，是指一些糖共价地结合到蛋白质上形成糖蛋白的过程。在ER合成的多肽链进入ER腔后，大部分可溶蛋白或结合膜的蛋白质，包括那些注定到高尔基体、溶酶体、质膜或细胞外空间的蛋白质都需要进行糖基化，形成糖蛋白。而在细胞质中游离核糖体上所合成的可溶性蛋白不进行糖基化。

研究发现，ER腔里连接到蛋白质上的糖是一种由N-乙酰葡萄糖胺、甘露糖、葡萄糖组成的寡糖，这种寡糖与蛋白质的天冬酰胺（Asn）残基侧链上的氨基基团连接（图4-5）。在ER腔面，寡糖通过高能的焦磷酸键连接到插入ER膜内的多萜醇上，当新生肽链中与糖基化有关的氨基酸残基出现后，通过内质网腔侧面上的寡糖转移酶的催化，寡糖基由磷酸多萜醇上转移到相应的天冬酰胺残基上（图4-6）。

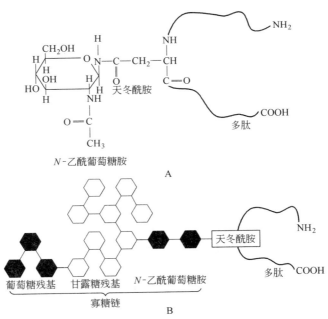

图4-5　N-糖基化的蛋白质（引自 Avers C. J.）

寡糖基转移到天冬酰胺残基上称为N-连接的糖基化，与天冬酰胺直接结合的糖都是N-乙酰葡萄糖胺。也有少数糖基化发生在丝氨酸或苏氨酸残基上，称O-连接的糖基化，与之直接结合的糖是N-乙酰半乳糖胺。N-连接寡糖的糖基化在糙面内质网中完成，O-连接寡糖的糖基化主要或全部在高尔基体中进行。

此外，已转移到ER腔内的多肽链在ER腔里要进行折叠和组装。不能正确折叠的畸形

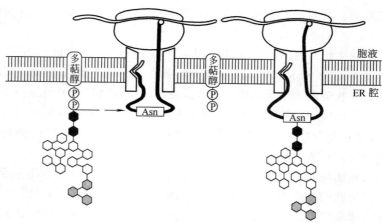

图 4-6　在 ER 腔内蛋白质的糖基化作用（引自刘凌云等，2002）

肽链或未组装成寡聚体的蛋白质亚单位，不论在 ER 膜上还是在 ER 腔中，一般都不能进入高尔基体，而在 ER 中很快被降解。据研究，ER 腔中多肽链的折叠和组装与附着在 ER 腔面膜上的二硫键异构酶（protein disulfide isomerase，PDI）和 ER-结合蛋白（binding protein，Bip）密切相关。PDI 可以切断二硫键，形成自由能最低的蛋白质构象，以帮助新合成的蛋白质重新形成二硫键并处于正确折叠的状态；Bip 可以识别不正确折叠的蛋白质或未装配好的蛋白质亚单位，并促进它们重新折叠与装配。

（3）蛋白质的转运　新合成的分泌蛋白在内质网腔中经过糖基化等修饰加工之后，由内质网分离出来的囊泡所包裹，形成运输小泡，转运到高尔基体中。随后便在高尔基体内转变为浓缩泡，再经浓缩泡浓缩形成分泌颗粒而被排出细胞之外。这是分泌蛋白的常见排出途径。另一种途径是含有分泌蛋白的小泡由内质网脱落后，直接形成浓缩泡，再由浓缩泡变为分泌颗粒而被排出。

2. 脂类的合成

内质网是脂类合成的重要场所，实验证明大部分膜的脂双层是在内质网组装的。ER 膜能合成几乎所有细胞需要的脂类，包括磷脂和胆固醇，其中最主要的磷脂是磷脂酰胆碱（又称卵磷脂）。磷脂酰胆碱是由两个脂肪酸、一个磷酸甘油和一个胆碱在三种酶的催化下合成的。这些酶位于 sER 的脂类双层内，它们的活性部位都朝向细胞质基质。这样，新合成的脂类分子最初只嵌入 sER 脂类双层的细胞质基质面。磷脂酰胆碱的合成过程如图 4-7 所示。首先由酰基转移酶催化细胞质中的脂酰辅酶 A 和 3-磷酸甘油，将 2 个脂肪酸加到磷酸甘油上，形成磷脂酸，磷脂酸为非水溶性化合物，合成后便保留在脂类双层中；然后，在磷酸酶的作用下，将磷脂酸转化为二酰基甘油；最后，在胆碱磷酸转移酶的催化下，由二酰基甘油和 CDP-胆碱合成磷脂酰胆碱。除磷脂酰胆碱外，其他几种磷脂，如磷脂酰乙醇胺、磷脂酰丝氨酸以及磷脂酰肌醇等都以类似的方式合成。

在内质网膜上合成的磷脂很快就由细胞质基质侧转向内质网膜腔面，其中有的插入到脂双层分子里，有的向其他膜转运。转运主要有两种方式：一种是以出芽的方式，以运输小泡转运到高尔基体、溶酶体和细胞膜上；另一种方式是凭借一种水溶性的载体蛋白，即磷脂转换蛋白（phospholipid exchange protein，PEP）在膜之间转移磷脂。其转运模式是：PEP 与磷脂分子结合形成水溶性的复合物进入细胞质基质，通过自由扩散，直到靶膜时，PEP 将磷脂释放出来，并安插在膜上，结果使磷脂从含量高的膜转移到缺少磷脂的膜上。细胞中转

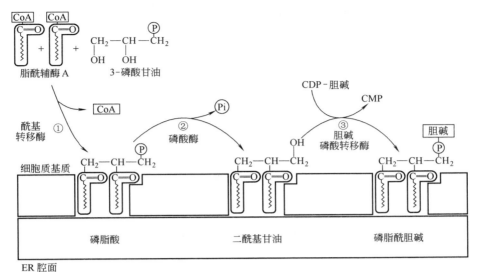

图 4-7　磷脂酰胆碱在 ER 膜上合成的过程（引自 Alberts 等，1994）

移到线粒体或过氧化物酶体膜上的磷脂就是通过此方式转运的。

此外，sER 还能合成其他类型的脂类，如在生殖腺、肾上腺内质细胞中 sER 相当发达。实验表明，这些 sER 含有合成胆固醇的全套酶系及使胆固醇转化为类固醇激素的酶类。还有在肝细胞 ER 中能合成脂蛋白，包括一类极低密度脂蛋白。一般认为它是由 rER 合成的蛋白质和 sER 合成的脂类复合而成。

3. 糖类代谢

已有实验证明内质网参与糖原的分解。在 sER 膜上含有葡萄糖-6-磷酸酶，它可以催化细胞基质中肝糖原降解所产生的葡萄糖-6-磷酸分解成磷酸和葡萄糖，然后葡萄糖进入内质网腔再被释放到血液中。

糖原的合成和内质网的关系尚有争议，在肝细胞曾发现糖原的分布与 sER 密切相关。如将动物绝食 5 天，可见 sER 的小管小囊集中围绕着残余的糖原。再喂食，sER 的量显著增加，似乎证明 sER 与糖原合成有关。但是另有实验结果与此相反，如尿苷二磷酸葡萄糖-糖原转移酶（UDPG）并不结合在 ER 膜上，而是结合在糖原颗粒上。把 UDPG 加到引物糖原上，便可参与糖原的合成，由此表明 ER 与糖原合成无关。

4. 解毒作用

肝的解毒作用主要是由肝细胞的 sER 来完成的。生化研究得知，sER 膜上集中着重要的氧化酶系，如细胞色素 P450、NADPH-细胞色素 c 还原酶等。许多对有机体有害的物质，如药物和毒物等经氧化酶系的氧化、羟化等作用后，或被解除毒性，或转化为易于排泄的物质而排出体外。

第三节　高 尔 基 体

高尔基体（Golgi body）或称高尔基复合体（Golgi complex），最早是由意大利学者 Golgi 于 1898 年发现的。他用银染的方法，在光镜下观察猫和猫头鹰的神经细胞时，发现在细胞质中有一网状结构，称为内网器（internal reticular apparatus）。以后，很多学者证明这种结构几乎存在于所有动物细胞中，并命名为高尔基体。直到 20 世纪 50 年代，人们用电子显微镜观察，才了解了到高尔基体的细微结构，并证实了高尔基体普遍存在于所有动植物细胞中。高尔基体在细胞的分泌活动中起着重要作用，而且具有糖蛋白的合成、修饰和运输等功能。

一、高尔基体的形态结构

光镜下，高尔基体呈现复杂的网状结构。在电镜下观察，高尔基体是由一些排列有序的扁平囊堆叠而成，在扁平囊的周围常结合有一些小管小囊和许多大小不等的囊泡（图 4-8）。扁平囊是高尔基体的主体部分，常常 3～10 个堆叠在一起形成高尔基堆。相邻的扁平囊间距离为 20～30nm。每个扁平囊的直径多在 1μm 左右，囊腔宽 6～15nm。扁平囊通常略弯曲呈盘状，横切面似弓形，其凸面称顺面（cis face）或形成面（forming face），一般靠近细胞核或内质网；凹面称反面（trans face）或成熟面（mature face），朝向细胞膜一侧。扁平囊的中央部分较平，其上有孔，可与相邻的扁平囊或其周围的小泡、小管相连通。由此可见高尔基体是一种具有极性的细胞器，它在细胞中往往有比较恒定的位置和方向，而且物质从高尔基体的一侧进入，从另一侧输出，因此每层膜囊的形态、功能也各不相同。

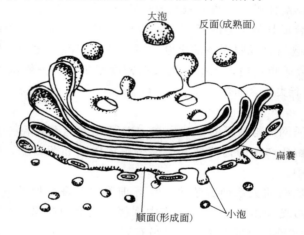

图 4-8 高尔基体立体结构

近些年来，通过对高尔基体的电镜细胞化学和三维结构重建的研究，多数学者认为高尔基体是由高尔基体顺面膜囊及顺面网状结构、高尔基体中间膜囊和高尔基体反面膜囊及反面网状结构三个不同的功能区室（又称区隔或间隔）组成（图 4-9）。

1. 高尔基体顺面膜囊及顺面网状结构

这部分是由高尔基体顺面最外侧的扁平膜囊和与其相连的网状结构组成，是中间多孔而呈连续分支的管状结构。其膜厚约 6nm，比高尔基体其他部位的膜略薄，但与内质网膜厚接近。在顺面可见许多由糙面内质网"芽生"的运输小泡，并可观察到运输小泡与扁平囊的顺面向融合的现象。一般认为该结构的主要功能是接受和分选由内质网新合成的蛋白质和脂类，分选后将其大部分转入高尔基体中间膜囊，小部分蛋白质和脂类再返回内质网。顺面高尔基体网状结构可被锇酸特异地染色，此反应可作为高尔基体顺面的标志反应。

2. 高尔基体中间膜囊

高尔基体中间膜囊由扁平膜囊与管道组成，形成不同的间隔，但在功能上是连续的、完

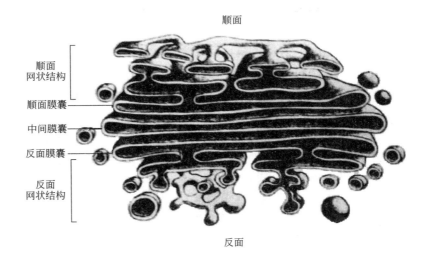

图 4-9　高尔基体三维结构模型（引自 Rambourg A.）

整的膜囊体系。该部分主要执行糖基化修饰、糖脂形成及多糖的合成等功能。高尔基中间膜囊中的烟酰胺腺嘌呤二核苷酸酶（NADP 酶）是该结构的标志酶。

3. 高尔基体反面膜囊及反面网状结构

这部分是由高尔基体反面最外侧的扁平膜囊和与其相连的网状结构组成，形态呈管网状，并有分泌泡与之相连。该结构的主要功能是对蛋白质进行分类和包装，之后这些蛋白质将由分泌泡输出或运向溶酶体。通常采用焦磷酸硫胺素酶（TPP 酶）和胞嘧啶核苷酸酶（CMP 酶）的细胞化学反应显示该结构。

高尔基体只存在于真核细胞中，其数目在不同的细胞中差异很大。通常在分泌功能旺盛的细胞内高尔基体数目很多，并可见多个高尔基体围成环状或半环状。如杯状细胞、胰腺外分泌细胞、唾液腺细胞等。而肌细胞及淋巴细胞中，高尔基体比较少见。另外，在同一类型的细胞中，高尔基体也可随细胞的生理状态的不同而改变，在机能旺盛时高尔基体大而多，衰老时期则变得小而少，甚至消失。

二、高尔基体的化学组成

对高尔基体膜的成分分析表明，其蛋白质含量约占 60%，脂类含量约占 40%。其中具有一些和 ER 共同的蛋白质成分，膜脂成分介于 ER 和质膜之间，这说明高尔基体是处于内质网和细胞膜之间的一种过渡性的细胞器。高尔基体中的酶主要有催化糖及蛋白质生物合成的糖基转移酶，催化糖脂合成的磺基-糖基转移酶，催化磷脂合成的转移酶和磷脂酶以及酪蛋白磷酸激酶、甘露糖苷酶等。高尔基体的标志酶是焦磷酸硫胺素酶和胞嘧啶核苷酸酶及烟酰胺腺嘌呤二核苷酸酶。

三、高尔基体的功能

高尔基体的主要功能是将内质网合成的多种蛋白质进行加工、分类与包装，然后分门别类地运送到细胞特定的部位或分泌到细胞外。同时内质网上合成的脂类一部分也要通过高尔基体向细胞膜和溶酶体膜等部位运输，因此可以说，高尔基体是细胞内大分子运输的一个主要交通枢纽。此外高尔基体还是细胞内糖类合成的工厂，在细胞生命活动中有非常重要的作用。

1. 参与细胞的分泌活动

应用放射自显影技术，可观察到高尔基体在细胞分泌活动中的作用。例如，用[3]H-亮氨酸标记胰腺外分泌细胞，观察其蛋白质合成的分泌过程。3min 后，放射自显影银粒主要集中于糙面内质网；20min 后出现在高尔基体；90min 后则位于分泌泡（图 4-10）。实验说明，分泌蛋白在糙面内质网合成后，被运送到高尔基体，在高尔基体内加以修饰后，再被转入分泌泡，最后被分泌到细胞外。可见高尔基体在细胞分泌活动中起着重要的作用。

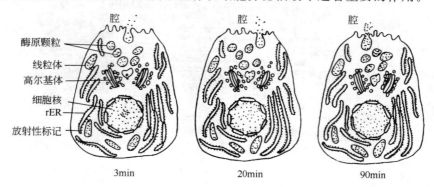

酶原颗粒
线粒体
高尔基体
细胞核
rER
放射性标记

3min　　　　　　20min　　　　　　90min

图 4-10　^{3}H-亮氨酸追踪分泌蛋白运输过程示意图

　　研究表明，蛋白质在糙面内质网核糖体合成后，逐渐加上糖基，形成糖链的前体，以出芽方式脱落，形成转运小泡。之后，转运小泡与高尔基体的扁平囊结合，经过浓缩、加工、运输和生成膜的作用，在扁平囊反面形成分泌泡。而后经过泡膜上的酶对分泌物的进一步加工，形成成熟的分泌颗粒，分泌颗粒脱离扁平囊而向细胞表面移动，最后与质膜融合，颗粒的内容物排出细胞外，分泌颗粒的膜成为质膜的补充部分。

　　2. 蛋白质的修饰与加工

　　在糙面内质网核糖体上合成的各种蛋白质被运至高尔基体后，要进行一系列的修饰加工，才能形成具有特定功能的成熟的蛋白质分子，而后经大囊泡运输，或分泌到细胞外，或保留在细胞膜上成为细胞膜的一部分。高尔基体对蛋白质的修饰与加工，主要是对糖蛋白寡糖链的修剪、蛋白质的糖基化和特异蛋白质水解等，这是在多种酶参与下的生化反应过程。

　　（1）蛋白质的糖基化及其修饰　N-连接和 O-连接的糖基化，是蛋白质两类不同的糖基化修饰。O-连接的主要或全部是在高尔基体内进行的，这些蛋白质的丝氨酸残基、苏氨酸残基侧链的—OH 基与寡糖共价结合，形成 O-连接寡糖蛋白。它与 N-连接的寡糖不同，是由不同的糖基转移酶依次催化，加上一个个单糖，最后加上唾液酸残基，完成糖蛋白的合成。

　　N-连接的寡糖蛋白的合成起始于糙面内质网，完成于高尔基体。在内质网所形成的糖蛋白 N-连接寡糖链有相同的寡糖结构。待转运到高尔基体后要进行一系列精确的修饰，一些寡糖链残基（如大部分的甘露糖）被切掉，而后又加上另外一些糖残基（如半乳糖、唾液酸等），完成糖蛋白的合成（图 4-11）。这样形成的糖蛋白的寡糖在结构上表现了差异，呈现出多样性。

　　内质网和高尔基体中，所有与糖基化及寡糖的加工有关的酶都是整合膜蛋白。它们固定在细胞的不同间隔中，其活性部位均位于内质网或高尔基体的腔面。寡糖链的合成与加工非常像在一条装配流水线上，糖蛋白从细胞器的一个间隔运送到另一个间隔，固定在间隔内壁上的一套排列有序的酶系，依次进行一道道加工，前一个反应的产物又作为下一个反应的底物，确保只有加工过的底物才能进入下一道工序。要正确修饰加工某种蛋白，必须依次通过所有的工序。

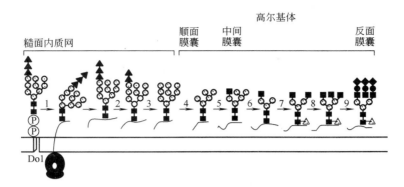

图 4-11　*N*-连接寡糖在内质网和高尔基体中的加工过程

（至少有 11 种以上的酶参与；引自 Albert 等，1989）

Dol 多萜醇；

■ *N*-乙酰葡萄糖胺；　● 半乳糖；

◎ 甘露糖；　　　　　△ 岩藻糖；

▲ 葡萄糖；　　　　　◆ 唾液酸

（2）特异蛋白的水解　有很多肽激素和神经多肽，在转运到高尔基体的反面网状结构及其所生成的小泡中时，经蛋白质水解酶的作用，发生特异地水解，从而成为有生物活性的多肽。

蛋白质在高尔基体中酶解加工的方式有三种：一是将没有生物活性的蛋白原 N 端或两端的序列切除形成有活性的多肽，如胰岛素、胰高血糖素及血清蛋白等；二是将含有重复氨基酸序列的前体切割成有活性的多肽，如神经肽等；三是根据前体中不同的信号序列或同一前体在不同细胞中的不同加工方式而加工成不同种的多肽。

3. 分选蛋白质的功能

经修饰后形成的溶酶体蛋白、分泌蛋白和膜蛋白，在高尔基体中通过形成不同的转运泡，以不同的途径被分选、转运到细胞的不同部位，发挥其特殊功能。下面以溶酶体蛋白的分选为例，说明高尔基体分选蛋白质的功能。

溶酶体中含有几十种酸性水解酶类，它们在内质网上合成并糖基化后进入高尔基体。在高尔基体的顺面区隔中存在着 *N*-乙酰葡萄糖胺磷酸转移酶和 *N*-乙酰葡萄糖胺磷酸糖苷酶，经这两种酶的催化，寡糖链中的甘露糖残基磷酸化形成 6-磷酸甘露糖（mannose-6-phos-phate，M6P）。由于在顺面膜囊溶酶体蛋白接受了磷酸基团，保护了甘露糖免受中间膜囊甘露糖苷酶的切割。这种特异的反应，只发生在溶酶体的蛋白上，而不发生在其他的糖蛋白上。估计溶酶体蛋白本身的构象含有某种磷酸化的信号，如改变其构象则不能被识别，也就不能形成 6-磷酸甘露糖。在高尔基体反面的膜囊上结合着 6-磷酸甘露糖的受体，由于溶酶体蛋白的许多位点上都可形成 6-磷酸甘露糖，从而大大增加了与受体的亲和力。这种特异的亲和力，使溶酶体的蛋白与其他蛋白质分离，并起到局部浓缩的作用。因此，6-磷酸甘露糖作为溶酶体蛋白的分选信号，由高尔基体生成的运输小泡送往溶酶体中。若溶酶体蛋白偶尔被分泌到细胞外，还可被细胞膜上的 M6P 受体识别，内吞进入细胞，仍送入溶酶体中。

由上述功能可知高尔基体是一个结构复杂、高度组织化的细胞器。每个部分都有其独特的结构和酶系统，发挥着不同的作用。最近，有人提出了高尔基体的扁平囊泡具有生化区室的看法。他们用密度梯度离心的方法，分出三个不同密度的高尔基体碎片，每种碎片都有它特定的酶。进一步研究发现，N-乙酰葡萄糖胺转移酶Ⅰ只在高尔基体叠层中央的两三个扁囊里，即中间膜囊；半乳糖转移酶存在于反面膜囊中；磷酸转移酶存在于顺面膜囊内。可见，蛋白质在不同的区室内进行不同的修饰。因此，区室化可能对分类运送蛋白质有着重要作用。蛋白质经过高尔基体不同部分的连续修饰，最后形成各种不同去向的物质（图4-12）。

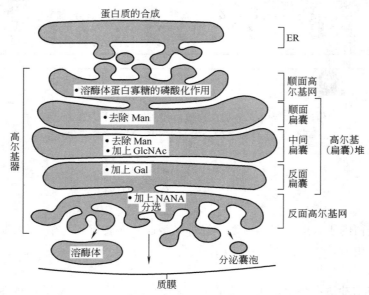

图 4-12   高尔基体中的功能区隔化示意图（仿 Albert B. 等）

Man—甘露糖；GlcNAc—N-乙酰葡萄糖胺；Gal—半乳糖；NANA—唾液酸

其他的示踪实验证明，高尔基体是分泌的多糖类合成的场所。如植物细胞分泌的细胞壁的多糖类成分——纤维素果胶是高尔基体合成的分泌产物。动物细胞，如软骨细胞分泌的黏多糖和糖蛋白也是在高尔基体中合成的，其中硫酸软骨素的硫酸基团是在高尔基体的扁平囊内加到糖蛋白的糖链部分的。此外，糖脂的糖侧链也是以与糖蛋白相同的途径和方式合成与加工的，最后由高尔基体转运到溶酶体膜或细胞膜上。

第四节   溶 酶 体

溶酶体（lysosome）是 Christian de Duve 等（1955）用生化手段分析大鼠肝细胞匀浆的梯度组分时发现的一种颗粒，后来 Christian de Duve 和 Novikoff（1956）在电子显微镜下观察并结合细胞化学鉴定了这种颗粒，证明它们由一层单位膜包着丰富的磷酸水解酶而构成，可视为细胞的内消化器官，并正式将其定名为溶酶体。之后发现溶酶体存在于所有的动物细胞（除成熟红细胞外）中，植物细胞内也有与溶酶体功能类似的细胞器——圆球体及中央液泡。溶酶体是细胞内消化的主要场所，在维持细胞正常代谢活动、防御及细胞的分化与衰老等方面起着重要的作用。

一、溶酶体的形态结构及类型

1. 溶酶体的形态结构

溶酶体通常为球形，大小差异较大。直径一般在 $0.2 \sim 0.8 \mu m$ 之间，最小的为 $0.05 \mu m$，最大的可达几微米。由于溶酶体中含有高浓度的酸性磷酸酶，因此用 Gomori 的酸性磷酸酶法显示，在光镜下成为可见的小颗粒。用电镜细胞化学方法观察，可见溶酶体是由一层厚约 6nm 的单位膜包围、内含多种高浓度酸性水解酶的一种球形囊状结构。在不同的细胞内溶酶体的形态和数量有很大差异，即使在同一种细胞中，溶酶体的大小、形态也有很大区别，这主要是由于每个溶酶体处于不同生理功能阶段的缘故。

目前已发现溶酶体内含有 60 多种酸性水解酶类，其中多数为可溶性的酶。这些酶的最适 pH 为 5.0，种类大致可分为蛋白酶、核酸酶、糖苷酶、脂肪酶、磷酸（酯）酶、硫酸酯酶和磷脂酶等。这些酶在酸性溶液内能使蛋白质、核酸、多糖及脂类等重要的生物化合物分解，但在正常细胞内这些重要的活性物质并不被溶酶体酶所消化，而且溶酶体自身的膜也不被消化，同时又能保持溶酶体内的酸性环境，这与溶酶体膜的结构和功能特征密切相关。

在溶酶体膜上嵌有质子泵，借助 ATP 水解放出的能量，将 H^+ 泵入溶酶体内，使溶酶体中 H^+ 浓度比细胞质中高 100 倍以上，以形成和维持酸性的内环境。其次，构成溶酶体膜的蛋白质高度糖基化，以保护膜免受自身蛋白酶的消化。另外，在溶酶体外，细胞质内的 pH 为 7.0～7.3，在此环境中溶酶体酶的活性大为降低，因此即使有少量的溶酶体酶漏出到细胞质中，细胞质的成分也不至于被降解。

2. 溶酶体的类型

溶酶体的酶蛋白是在糙面内质网的核糖体上合成的，溶酶体形成的主要部位是高尔基体。根据溶酶体的发育和生理功能状况，可将溶酶体分为初级溶酶体、次级溶酶体和残余溶酶体。

初级溶酶体呈球形，直径约 $0.2～0.5\mu m$，膜厚 7.5nm，内含物均匀，无明显颗粒，是高尔基体分泌形成的（图 4-13），含有多种水解酶，但没有活性，只有当溶酶体破裂，或其他物质进入时，才有酶活性。这时的溶酶体尚未开始进行消化作用。

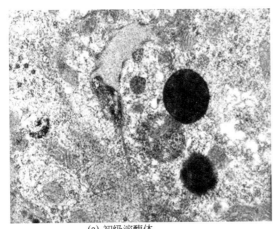
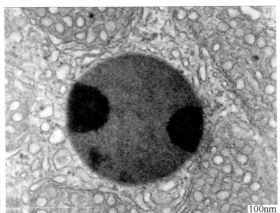

(a) 初级溶酶体　　　　　　　　　　　　　　　(b) 次级溶酶体

图 4-13　初级溶酶体和次级溶酶体（引自 http：//www. uni-mainz. de)

次级溶酶体是初级溶酶体与细胞内的自噬泡、胞饮泡或吞噬泡融合形成的复合体（图 4-13），可分为异噬溶酶体和自噬溶酶体，前者消化的物质来自外源，后者消化的物质来自细胞本身的各种组分。两者都是正在进行消化作用的溶酶体。次级溶酶体中可能包含多种生物大分子、颗粒性物质、线粒体等细胞器乃至细菌等，因此其形态不规则，直径可达几个微米。电镜显示其内部结构非常复杂，常含有颗粒、膜片甚至某些细胞器。

正常情况下，在次级溶酶体内进行消化作用，如果消化完成了，形成的小分子物质可通过膜上的载体蛋白转运到细胞质中，供细胞代谢用。在这种溶酶体内，仅剩下消化不了的残渣物质，这时的溶酶体称为残余溶酶体，又称残余小体。这种残余小体已失去酶活性，有些可通过外排作用排出细胞，有些则留在细胞内逐年增多，形成脂褐质的色素颗粒等（图4-14）。

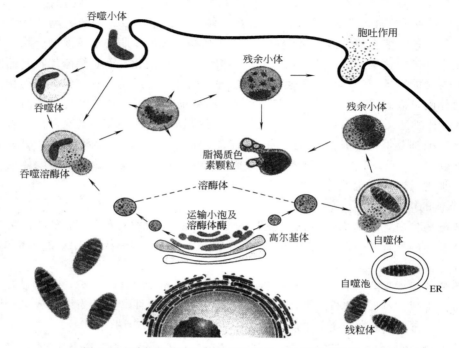

图 4-14　动物细胞溶酶体系统示意图（引自翟中和等，2000）

用溶酶体的标志酶反应，可辨认出不同形态与大小的溶酶体。酸性磷酸酶是常用的标志酶，用这种方法不仅有助于研究溶酶体的发生与成熟过程，而且还发现了多泡体、线状溶酶体等多种类型的溶酶体，但其机能尚不完全清楚。因此溶酶体可以看做是以含有大量酸性水解酶为共同特征的、不同形态大小、执行不同生理功能的一类异质性的细胞器。

二、溶酶体的功能

1. 细胞的消化作用

溶酶体内含消化各类大分子的酶，主要功能是消化分解各种生物高分子物质，它是细胞内一个极其复杂而精致的消化系统。溶酶体酶也可外倾至细胞外发挥作用。根据被消化物质的来源不同，细胞内的消化可分为异噬作用和自噬作用。

（1）异噬作用　溶酶体对细胞外源性异物的消化过程称为异噬作用。细胞经常从外界环境中摄取营养或异物（如大分子物质或微生物），有些生物大分子溶液或其他一些较大颗粒的营养物质以及病毒、细菌，不能通过质膜而是由胞饮作用或吞噬作用吞入细胞内，形成了胞饮小体或吞噬小体。胞饮小体、吞噬小体与初级溶酶体相遇时，两者就相互融合而形成次级溶酶体（又称异噬溶酶体）。在这些次级溶酶体内，摄入的外源性物质与消化酶混合，在低 pH 条件下消化为小分子物质。即蛋白质分解成为二肽或游离的氨基酸，碳水化合物分解成寡糖或单糖，核酸分解成核苷酸和磷酸，中性脂肪或脂类分解成游离的脂肪酸、甘油或甘油磷酸二酯等。这些可溶性、可弥散的小分子透过溶酶体膜进入细胞质，重新参与细胞的物质代谢。一些不能消化的物质就残留在次级溶酶体内，形成各种形式的残余小体（如髓样结构、脂褐质等），最后可排出体外或残留细胞内。可见借助吞噬作用，细胞吞噬外源异物并在溶酶体内消化，说明了溶酶体不仅具有消化、营养作用，也具有防御作用。

（2）自噬作用　溶酶体消化细胞自身衰老的细胞器和生物大分子的过程称为自噬作用。细胞内部一些损伤或衰亡的细胞器碎片（如线粒体、内质网碎片等）以及糖原、脂滴和剩余的分泌颗粒等，可以向内陷入溶酶体或被光面内质网或高尔基体的膜包围，形成自噬体，然后再与溶酶体融合成自噬溶酶体，并在其内进行消化。

自噬作用主要出现在以下情况。①在细胞新陈代谢中，一些衰老或变性的细胞结构通过自噬作用，逐渐被消化，由此对细胞内的细胞器、膜性结构和酶进行不断地更新；细胞在饥饿状态下溶酶体消化细胞自身的部分物质，以维持细胞的生存，提供营养，避免整个细胞的死亡。②细胞在衰老或病理状态下，也会发生自噬作用，这可能是一种病态反应，开始或许有利于延续细胞的生存，但结果却加速了细胞的破坏与死亡。

此外溶酶体还可以通过自噬作用来调节细胞分泌激素的多少，当产生激素的细胞中形成的分泌泡过多时，便可通过分泌泡与溶酶体的融合而降解多余的分泌物。例如授乳期母鼠的垂体前叶分泌催乳素的细胞功能旺盛，形成许多分泌颗粒，母鼠一旦停止授乳，细胞内多余的分泌颗粒便与溶酶体融合，而使催乳素降解，停止刺激乳腺泌乳。

2. 细胞的自溶作用

自溶作用是指在细胞内溶酶体膜破裂，释放出其中的水解酶，引起细胞自身的溶解、死亡，使整个细胞被释放的酶所消化的过程，又称为细胞自溶。在正常的个体发生过程中，器官、组织的改建，通常是通过组织细胞的破坏和新生实现的。这涉及程序性细胞死亡或细胞凋亡的问题，虽然引起这些过程的机制尚不十分清楚，但一般认为溶酶体起着重要的作用。溶酶体不仅使细胞崩解，而且使生物的大分子分解代谢，其中一些物质又可供给组织细胞再利用。如昆虫变态时幼虫组织的消失，蝌蚪变成青蛙时蝌蚪尾部的消失，都与溶酶体的作用分不开。Rodolf Luteum 的研究指出，在蝌蚪变态时，随着尾部的缩短，溶酶体酶的活性逐渐增加，这进一步说明蝌蚪尾部的消失是其尾部细胞自溶的结果。

3. 溶酶体在细胞外的作用

一般情况下溶酶体在细胞内行使功能，但有时溶酶体酶释放到细胞外去发挥作用。如精子的顶体是一个大的特化的溶酶体，其中含有多种水解酶。受精时，当精子质膜附着在卵子的外被后，顶体膜与精子的质膜融合，造成穿孔，顶体的酶通过穿孔释放到周围介质中，消化掉卵子的外被及滤泡细胞，产生孔道，使精子进入卵细胞内。精子冷冻保存中的技术难题之一就是防止顶体的破裂。又如在骨发生和再生过程中，溶酶体对骨质的更新起着重要作用，破骨细胞的溶酶体酶能释放到细胞外，分解和消除陈旧的骨基质，这是骨质更新的一个重要步骤。

此外，溶酶体与疾病有关。现已研究有 40 种以上的疾病是由于溶酶体中缺乏某种酶所引起的。如糖原储积症就是由于患者的溶酶体中缺少一种作用于糖原的溶酶体酶——α-糖苷酶所致。这种酶能分解糖原为葡萄糖，缺少后糖原就储存在肝和肌肉中。储存的糖原对心肌的功能起破坏作用。儿童患此症不到 2 周岁就会死亡。职业硅沉着病的发生也是与溶酶体有关。当肺部吸入硅尘后，硅粉末（SiO_2）被组织中的巨噬细胞吞噬，但溶酶体酶不能破坏硅粉末，硅粉末表面的硅酸能与溶酶体膜反应，破坏了膜的稳定性，使膜破裂，溶酶体酶流入细胞质引起细胞自溶而死亡。放出的硅粉末又同样再去破坏健康细胞。如此巨噬细胞相继吞噬、死亡，最后死亡的巨噬细胞刺激成纤维细胞，导致胶原纤维结的形成，结果使肺的弹性降低，呼吸不畅。近年来，溶酶体与癌发生之间的关系引起人们的注意，有关的研究尚待进一步深入。

【相关链接】　植物细胞的溶酶体

目前经过多方面的研究表明，在植物细胞中也存在着含有各种水解酶的结构，如圆球体、糊粉粒等，它们和动物细胞的溶酶体是同功的。在电镜下，圆球体为一层单位膜所围绕，内部有细微的颗粒结构，标准的圆球体含有 40% 的脂类、60% 的蛋白质，可用派洛宁（pyronine）染色，在含油组织的圆球体内含有酸性磷酸酶和其他一些水解酶。糊粉粒或蛋白质体是一种储藏颗粒，具有类似圆球体性质，存在于种子的子叶和胚乳中。从豌豆种子中分离的糊粉粒分析出多种水解酶，如蛋白酶、磷酸酶。还有一些液泡能吞噬细胞中的一些组分，如线粒体、膜层物质等，形成自体吞噬泡，这与动物细胞中所见的相似。总之，在植物细胞内含大量具有酶活力大小不同的内含物颗粒，这些颗粒都可称为溶酶体或溶酶体类似体，它们都是由一层膜包围而成，含有酸性水解酶。植物溶酶体功能基本上与动物的相似，它常以自体吞噬、自溶两种方式来发挥作用。

第五节　过氧化物酶体

过氧化物酶体（peroxisome）是 1954 年瑞典 Karolinsk 学院的一位研究生 Johannes Rhodin 用电镜研究小鼠肾近曲小管上皮细胞中时发现的，其直径约 0.5μm，Rhodin 称其为微体（micro body）。此后的研究多集中于哺乳动物的肾和肝，陆续发现了一些氧化酶和过氧化氢酶存在于微体中。1965 年，C. de Duve 建议把微体命名为过氧化物酶体。研究发现，过氧化物酶体是真核细胞广泛存在的一种细胞器。动物细胞的过氧化物酶体也称为过氧物酶体、过氧化氢体、过氧小体或微体，植物细胞的过氧化物酶体也称为乙醛酸循环体。过氧化物酶体在细胞的代谢过程中起着非常重要的作用。它们经常与叶绿体和线粒体相伴，也发现和内质网紧密结合。

一、过氧化物酶体的结构

过氧化物酶体是由单层膜包裹、内含一种或几种氧化酶类的圆球形小体。直径为 0.2～1.5μm，一般为 0.5μm。电镜下可观察到过氧化物酶体中含有极细的颗粒状物质，中央常含有电子密度较高、规则的结晶结构，称为类核体，它是尿酸氧化酶的结晶。但是由于人类和鸟类的过氧化物酶体中不含尿酸氧化酶，所以其过氧化物酶体中无类核体。在哺乳动物中，只有在肝细胞和肾细胞中可观察到典型的过氧化物酶体（图 4-15）。

过氧化物酶体在不同组织细胞中的数目、结构和形状均不一样。例如，大鼠的每个肝细胞中含有多达 70～100 个过氧化物酶体，形状多为卵圆形。在肝肿瘤细胞内，过氧化物酶体数量减少。Dalton（1964）认为过氧化物酶体数目的多少与肿瘤生长速度成反比。

过氧化物酶体中含有多种氧化酶及过氧化氢酶。现在已知有 50 多种酶，可是至今尚未发现一种过氧化物酶体中含有全部 50 多种酶，但是其中的过氧化氢酶存在于各种细胞的过氧化物酶体中，因此过氧化氢酶是过氧化物酶体的标志酶。过氧化氢酶常占过氧化物酶体总蛋白质量的 40%。

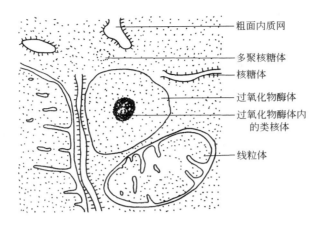

图 4-15 哺乳动物细胞过氧化物酶体（引自高文和，2000）

二、过氧化物酶体的功能

1. 解毒作用

过氧化物酶体中的各种氧化酶能氧化多种底物（RH_2）。在氧化底物的过程中，氧化酶能使氧还原成为过氧化氢（H_2O_2），过氧化氢酶能将 H_2O_2 分解形成水和氧气或利用 H_2O_2 通过氧化反应去氧化其他各种底物，包括酚、甲醛、甲酸和醇等。这种类型的氧化反应在肝和肾细胞中特别重要，通过此反应，过氧化物酶体可以清除进入血流中的各种有毒成分，起到解毒作用。如人们饮进的酒精约有 1/2 是以这种方式氧化成乙醛的，细胞中累积的过氧化氢，过氧化氢酶也将其转化为水和氧气。

氧化酶和过氧化氢酶催化的反应是相互偶联的，它们合在一起的作用可以认为是形成了简单的呼吸链（图 4-16），各种代谢物脱下的电子最终与氧形成水。这种呼吸链与线粒体不同，它不与腺苷三磷酸（ATP）的磷酸化作用偶联，而受过氧化氢的协调。

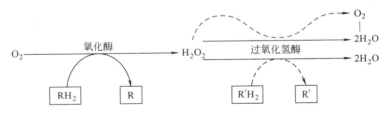

图 4-16 过氧化物酶体中的呼吸链（引自 C. de Duve）

2. 分解脂肪酸

过氧化物酶体中含有 β-氧化酶，在 β-氧化过程中能分解脂肪酸，使其转化为乙酰 CoA，并向细胞直接提供热量。分解所得的乙酰 CoA 被转运到细胞质基质中，以备在生物合成反应中再利用。在哺乳动物细胞中，反应发生在线粒体和过氧化物酶体中；酵母和植物细胞中，这种反应仅存在于过氧化物酶体。实验证明，当酵母生长在脂肪酸培养基中，过氧化物酶体非常发达，并可把脂肪酸分解成乙酰 CoA 供细胞利用。此外，高脂肪食物或受凉等因素刺激都能诱导过氧化物酶体的 β-氧化系统，加快脂肪酸的氧化，确保脂肪的代谢作用。

3. 参与植物细胞的光呼吸及脂肪酸转化

在植物细胞中，过氧化物酶体起着重要的作用。①在叶肉细胞中，将光合作用的副产物——乙醇酸氧化为乙醛酸和过氧化氢，即所谓光呼吸反应。②在萌发的种子中，进行脂肪

的 β-氧化，产生乙酰辅酶 A，经乙醛酸循环，由异柠檬酸裂解为乙醛酸和琥珀酸，并离开过氧化物酶体，进一步转变成葡萄糖。因涉及乙醛酸循环，因此又将这种过氧化物酶体称为乙醛酸循环体。因动物细胞中没有乙醛酸循环反应，故动物细胞不能将脂肪中的脂肪酸直接转化成糖。

三、过氧化物酶体与溶酶体的区别

过氧化物酶体和溶酶体都是由单层膜包裹，内含有酶类的球形囊状结构。它们的形态大小有类似之处，但是两者是完全不同的细胞器。过氧化物酶体中央常含有尿酸氧化酶结晶而成的类核体，可作为电镜下识别的主要特征。此外，这两种细胞器在成分、功能及发生方式等方面都有很大的差异，见表 4-1 所示。

表 4-1　过氧化物酶体与初级溶酶体的特征比较（引自翟中和）

特　征	初级溶酶体	过氧化物酶体
形态大小	多呈球形，直径 0.2～0.8μm，无酶晶体	球形，直径多在 0.6～0.7μm，内常有酶晶体
酶种类	酸性水解酶	氧化酶类
pH	5 左右	7 左右
是否需 O_2	不需要	需要
功能	细胞内的消化作用	解毒、脂肪酸分解等多种功能
发生	酶在糙面内质网合成经高尔基体出芽形成	酶在 rER、细胞质基质中合成，或经分裂与装配形成
识别的标志酶	酸性水解酶等	过氧化氢酶

思　考　题

1. 如何理解细胞质基质是一种高度有序的复杂的结构体系？
2. 简要说明细胞质基质的重要作用。
3. 比较糙面内质网和光面内质网的形态结构与功能。
4. 在糙面内质网核糖体上合成的蛋白质有哪几类？它们在内质网上合成的生物学意义是什么？
5. 指导分泌性蛋白质在糙面内质网上合成需要哪些主要结构或因子？它们如何协同作用完成肽链在内质网上的合成？
6. 高尔基体的形态结构特点是什么？在细胞生活中有何重要功能？
7. 蛋白质糖基化的基本类型、发生部位、特征及生物学意义是什么？
8. 溶酶体内含有多种水解酶，为什么溶酶体膜不被消化？它是如何行使其生理功能的？
9. 过氧物酶体的标志酶是什么？它与溶酶体的主要区别有哪些？其功能如何？
10. 简述细胞内膜系统的各种细胞器在结构和功能上的联系。
11. 细胞内的分泌蛋白是如何合成并分泌到细胞外的？

第五章　线粒体和叶绿体

【学习目标】

1. 了解线粒体、叶绿体的形态结构特点。
2. 理解嵴和类囊体的结构及功能。
3. 掌握氧化磷酸化与光合磷酸化的过程、原理及其区别。

线粒体和叶绿体是细胞内两个能量转换的细胞器，它们能高效地将能量转换成细胞进行各种生命活动的直接能源物质——ATP。线粒体广泛存在于各类真核细胞中，而叶绿体仅存在于植物细胞中。它们都是由双层单位膜构成的封闭结构，其内部结构最突出的特征是具有极大扩增的内膜特化结构系统——线粒体的嵴和叶绿体的类囊体。嵴和类囊体构成多酶体系行使功能的结构框架，从而使氧化磷酸化和光合作用等复杂的化学反应能有条不紊地顺利进行。

第一节　线　粒　体

线粒体（mitochondrion）是细胞中重要和独特的细胞器，普遍存在于除成熟红细胞外的真核细胞中。线粒体是细胞内糖类、脂肪、蛋白质最终氧化分解的场所，通过氧化磷酸化作用将其中储存的能量逐步释放，并转化为 ATP 为细胞提供能量，故称为细胞的"能量工厂"。线粒体含有 DNA，可复制及合成自己的 RNA 和少量蛋白质，遗传上具有一定的自主性，属于半自主性的细胞器。

一、线粒体的形态结构

1. 线粒体的形状、大小、数目和分布

（1）形状与大小　线粒体的形状是多样的，最常见的是线状或颗粒状，其他有哑铃形、圆球形，还有的呈分枝状、环状等。线粒体的大小因细胞类型而异，即使同一类型细胞或同一细胞中的线粒体，大小也不相同。通常直径为 $0.5\sim1.0\mu m$，长度为 $2\sim3\mu m$。但也有的线粒体较大，称为巨型线粒体，长度可达 $8\sim10\mu m$，多见于一些骨骼肌细胞中。线粒体的大小常随外界环境条件（如渗透压、pH 和温度等）和生理状态的改变而发生变化。因此，线粒体的形状和大小并不是固定的，而是随着代谢条件的不同而改变，它可能反映线粒体处于不同的代谢状态。

（2）数目　线粒体的数目在不同类型的细胞中差异很大。哺乳动物成熟的红细胞中没有线粒体，单细胞的鞭毛藻及海藻中只有一个线粒体，而巨大变形虫则含有 50 万个线粒体。一般动物细胞中含有几百到几千个线粒体，其中肝细胞内约有 1700 个左右。线粒体数目的多少与细胞的生理功能密切相关。一般来说，新陈代谢旺盛，需要能量多的细胞，线粒体的数目就较多，如心肌细胞、肝细胞、骨骼肌细胞等；反之，线粒体的数目就较少，如淋巴细胞、精子细胞（精子中线粒体约 25 个）；当细胞处于病变、细胞基质酸性过强或温度过高的环境下，线粒体易溶解或过度膨胀破裂致使数目减少。

在同一类型细胞中，线粒体的数目是相对稳定的，若功能发生变化，其数量也会发生改变。如腺细胞在分泌活动旺盛时，线粒体数目增多。运动员肌细胞内的线粒体比不经常运动的人的肌细胞内的线粒体多。另外，植物细胞中的线粒体数目通常比动物细胞的要少，这是由于植物细胞中的叶绿体代替了线粒体的某些功能。

（3）分布　　线粒体在细胞内的分布也因细胞形态和类型的不同而存在着差异。但是线粒体在细胞中分布是有一定规律性的，通常分布于细胞生理功能旺盛的区域和需要能量较多的部位。如蛋白质合成活跃的细胞，线粒体被包围在糙面内质网中；分泌旺盛的细胞，线粒体总是分布在分泌物合成的区域；肌细胞中线粒体沿肌原纤维规律排列，使线粒体形成的 ATP 分子沿很短途径到达需能的收缩部位。但在很多细胞内，线粒体常呈弥散状，均匀分布于整个细胞质之中，如肝细胞。

2. 线粒体的超微结构

在电镜下观察，线粒体是由双层单位膜套叠而成的封闭的囊状结构。主要由外膜、内膜、膜间隙和基质组成（图 5-1）。

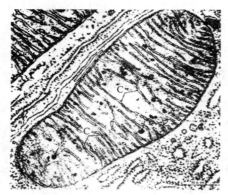

(a) 线粒体的透射电子显微镜(TEM)照片　　　(b) 线粒体的三维结构模式图(引自刘凌云, 2000)

图 5-1　线粒体的结构

（1）外膜（outer membrane）　　外膜是包围在线粒体最外面的一层单位膜，厚 6～7nm，光滑而有弹性，与内膜不连接。用磷钨酸负染时，可观察到外膜上有排列整齐的筒状圆柱体即孔蛋白，其中央有孔径为 2～3nm 的小孔，相对分子质量为 10^4 以下的小分子物质均可通过小孔进入膜间隙。

（2）内膜（inner membrane）　　内膜位于外膜内侧，把膜间隙与基质分开，具有单位膜的结构，厚约 6～8nm。内膜含有大量的心磷脂，可形成通透性屏障，能严格地控制分子和离子通过，这种"不透性"在 ATP 的生成过程中起重要作用。

内膜向线粒体腔内凸出折叠形成嵴（cristae）。嵴是线粒体很重要的特殊结构，它使内膜的表面积大大扩增。有人估计，大鼠肝细胞线粒体嵴的表面积比外膜大 4 倍，这对线粒体进行高速率的生化反应是极为重要的。

嵴的形状、排列方式和数量与细胞种类及生理状况密切相关，一般来说，需要能量较多的细胞（如心肌细胞），不仅线粒体多，而且嵴的数量也多。通常嵴的排列方式主要有板层状和管状两种类型，其他形式的嵴可视为由这两种基本形式衍生而来。在高等动物中，绝大部分细胞线粒体的嵴为板层状，其方向与线粒体长轴垂直，但也有与长轴平行的，如神经细胞。人的白细胞线粒体的嵴为分支管状，低等动物及植物细胞的线粒体的嵴多为小管状。

用电镜负染色法观察分离的线粒体时，可见内膜和嵴的基质面上有许多排列规则的带柄的小颗粒，称为基粒（elementary particle），也称 ATP 合成酶。估计每个线粒体有 $10^4 \sim 10^5$ 个基粒。基粒由头部和基部组成，头部用 F_1 表示，为球形，直径为 9nm；基部用 F_0 表示，嵌入线粒体内膜。基粒是线粒体氧化磷酸化和合成 ATP 的关键装置。

（3）膜间隙（intermembrane space） 膜间隙是指线粒体内膜、外膜之间封闭的腔隙，包括外周间隙和嵴间隙，外周间隙为平行于内外膜之间把内外膜分开的间隙，宽约 $6 \sim 8nm$，嵴间隙为嵴的两层膜间的隙腔，它与外周间隙相通，实际上是外周间隙的延伸。膜间隙中充满无定形液体，含有许多可溶性酶、底物和辅助因子等。

（4）基质（matrix） 内膜和嵴所围成的空隙内充满较致密的胶状物质即为基质。基质内不仅含有蛋白质和脂类，还含有线粒体基因组 DNA、特定的线粒体核糖体、tRNA、线粒体基因表达和蛋白质合成需要的多种酶类。此外，还含有电子密度很大的致密的颗粒状物质，这些颗粒含有 Ca^{2+}、Mg^{2+}、Zn^{2+} 等离子，具有调节线粒体内部离子环境的功能。线粒体中催化三羧酸循环、丙酮酸和脂肪酸氧化等反应的酶类都存在于基质中。

二、线粒体的化学组成及酶的定位

1. 线粒体的化学组成

线粒体的化学成分主要是蛋白质和脂类。蛋白质含量占线粒体干重的 65%～70%，主要分布在基质和内膜中。在线粒体中，不同组成部分内蛋白质的含量存在着很大的差异。如大鼠肝细胞线粒体蛋白质的 67% 在基质内，21% 在内膜，6% 在外膜，6% 在膜间隙；酵母线粒体内蛋白质的 50% 在基质中，30% 在内膜上。

线粒体的蛋白质分为可溶性蛋白质与不溶性蛋白质两类。可溶性蛋白质主要是基质中的酶和膜外周蛋白；不溶性蛋白质是膜的镶嵌蛋白、结构蛋白和部分酶蛋白。肝细胞线粒体蛋白质有 50%～70% 是可溶的，而牛心肌线粒体中只有 15% 是可溶的，这与嵴的多少有关。用电泳方法分析线粒体外膜和内膜蛋白质，可辨别出外膜上含有 14 种蛋白质，内膜上含有 21 种蛋白质。

脂类含量占线粒体干重的 25%～30%，其中大部分是磷脂，约占总脂的 3/4 以上。磷脂中主要是磷脂酰胆碱、磷脂酰乙醇胺、心磷脂和少量肌醇及胆固醇等。磷脂在内膜和外膜上的组成不同，外膜上主要是磷脂酰胆碱，其次是磷脂酰乙醇胺，肌醇和胆固醇的含量较少。内膜主要含心磷脂，高达 20%，比任何膜的都高，但胆固醇含量极低，这与内膜的高度疏水性有关。有实验证明，在电子传递系统的运转中，磷脂起着重要作用。辅酶 Q 和其他氧化还原分子与其相邻载体的相互作用，也要依赖于磷脂分子。

线粒体内外膜在化学组成上的根本区别在于脂类与蛋白质的比值不同，内膜的脂类与蛋白质的比值低（0.3∶1），外膜的比值较高（1∶1）。内膜富含酶蛋白和辅酶，外膜仅含少量酶蛋白。可见，外膜较内膜更相似于细胞的其他膜性结构。

2. 线粒体酶的定位

目前已知线粒体中约有 140 余种酶，分布在各个结构组分中，其中氧化还原酶占 37%，合成酶占 10%，水解酶占近 9%。主要酶在线粒体中的分布见表 5-1。

表 5-1　主要酶在线粒体中的分布

部位	酶 的 名 称	部位	酶 的 名 称
外膜	单胺氧化酶 NADH-细胞色素 c 还原酶（对鱼藤酮不敏感） 犬尿酸羟化酶 酰基辅酶 A 合成酶	膜间隙	腺苷酸激酶 二磷酸激酶 核苷酸激酶
内膜	细胞色素 b、细胞色素 c、细胞色素 c_1、细胞色素 a、细胞色素 a_3 ATP 合成酶系 琥珀酸脱氢酶 β-羟丁酸和 β-羟丙酸脱氢酶 肉毒碱酰基转移酶 丙酮酸氧化酶 脱氢酶（对鱼藤酮敏感）	基质	柠檬酸合成酶、苹果酸脱氢酶 延胡索酸酶、异柠檬酸脱氢酶 顺乌头酸酶、谷氨酸脱氢酶 脂肪酸氧化酶系 天冬氨酸转移酶 蛋白质和核酸合成酶系 丙酮酸脱氢酶复合物

　　线粒体各组成部分所含的酶是不同的，这与各部分的功能有关，在这些酶中，有的可作为某一部分所特有的标志酶。外膜上的酶可分为两类，一类包括单胺氧化酶、犬尿酸羟化酶和 NADH-细胞色素 c 还原酶；另一类是一些与脂类代谢有关的酶，如酰基辅酶 A 合成酶、脂肪酸激酶等。单胺氧化酶为其标志酶。

　　在膜间隙内，只含有少数几种酶，如腺苷酸激酶、二磷酸核苷激酶等。腺苷酸激酶为其标志酶。

　　在内膜上，具有更复杂的酶系，主要有电子传递链（呼吸链）和与之相关的各种脱氢酶系、氧化磷酸化酶系，还含有能量转化系统，即可溶性 ATP 酶、ATP 酶复合体的其他组成成分和偶联因子等。琥珀酸脱氢酶为其标志酶。

　　在基质中，所含酶的种类最多，包含三羧酸循环反应酶系（琥珀酸脱氢酶除外）、蛋白质和核酸合成酶系以及脂肪酸氧化酶系等，还含有氨酰转移酶、DNA 和 RNA 聚合酶以及线粒体核糖体等与转录和翻译有关的分子。苹果酸脱氢酶为标志酶。

三、线粒体的功能

　　线粒体的主要功能是进行氧化磷酸化合成 ATP，为细胞生命活动提供直接能量。同时线粒体还与细胞中氧自由基的生成、细胞程序性死亡、细胞的信号转导、细胞内多种离子的跨膜转运及电解质稳态平衡的调控等有关。

　　线粒体是细胞内糖类、脂肪和氨基酸最终氧化分解释放能量的场所，即细胞氧化的场所。所谓细胞氧化是指依靠酶的催化，将细胞内各种供能物质氧化分解释放能量的过程，又称为细胞呼吸。其本质是在线粒体中进行一系列由酶催化的氧化还原反应，所产生的能量储存于 ATP 的高能磷酸键中。细胞氧化的基本过程可分为：糖酵解、乙酰辅酶 A 生成、三羧酸循环、电子传递和氧化磷酸化等，其中糖酵解是在细胞质基质中进行的。糖类和脂肪等营养物质在细胞质基质中降解产生丙酮酸和脂肪酸，这些物质选择性地从细胞质基质进入到线粒体基质中，经过一系列变化和降解后与辅酶 A（CoA）结合形成乙酰辅酶 A（乙酰 CoA）并进入了三羧酸循环，三羧酸循环中脱下的氢经线粒体内膜上的电子传递链（呼吸链），最后传递给氧，生成水。在此过程中释放的能量，通过 ADP 的磷酸化，生成高能化合物 ATP，供机体各种活动的需要。由此可以看出，参加三羧酸循环中的氧化反应、进行电子传递和能量转换是线粒体的主要功能，其中电子传递中的氧化磷酸化是细胞获得能量的主要途径（图 5-2）。

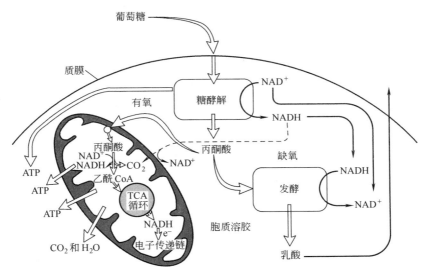

图 5-2　真核细胞线粒体中代谢反应图解（引自 Gerald Karp，1999）

1. 氧化磷酸化的分子结构基础

氧化（放能）和磷酸化（储能）是同时进行并密切偶联在一起的，但却是由两个不同的结构系统实现的。1968 年 E. Racker 等人用超声波将线粒体破碎，线粒体内膜碎片可自然卷成颗粒朝外的小膜泡，这种小膜泡称为亚线粒体小泡或亚线粒体颗粒（图 5-3）。

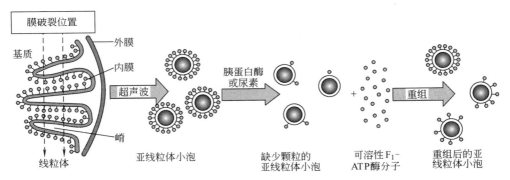

图 5-3　亚线粒体小泡的分离与重组（引自翟中和等，2000）

这些亚线粒体小泡具有电子传递和磷酸化的功能。如用胰蛋白酶或尿素处理，则小泡外面的颗粒可解离下来，这样的小泡只能进行电子传递，而不能使 ADP 磷酸化生成 ATP。如果将这些颗粒重新装配到无颗粒的小泡上时，则小泡又恢复了电子传递和磷酸化相偶联的能力。由此可见，电子传递的各种组分均存在于线粒体内膜中，而氧化磷酸化的偶联因子仅存在于内膜基质侧的颗粒中，它是基粒（ATP 酶复合物）的组分之一。

（1）电子传递链（呼吸链）

线粒体内膜上的呼吸链是典型的多酶氧化还原体系，由多个组分组成，并在内膜上相互关联地有序排列，承担着电子传递作用，故称为电子传递链（electron-transport chain）。其主要组成为黄素相关的脱氢酶或称为黄素蛋白、铁硫蛋白、泛醌或辅酶 Q、细胞色素等。

在呼吸链的组成中，黄素相关的脱氢酶系有两种：以黄素单核苷酸（FMN）为辅基的 NADH 脱氢酶和以黄素腺嘌呤二核苷酸（FAD）为辅基的琥珀酸脱氢酶。它们接受代谢物上脱下的氢的原初受体，由此普遍认为细胞内有两条典型的呼吸链，即 NADH 呼吸链和

FADH$_2$ 呼吸链。

铁硫蛋白（或称铁硫中心，FeS）分子中含非血红素铁和对酸不稳定的硫，其作用是通过 Fe^{2+}-Fe^{3+} 的互变进行电子传递。铁硫中心虽然含有多个铁原子，但是每个铁硫中心一次仅传递一个电子。

辅酶 Q 是一种脂溶性的醌类化合物，它具有 3 种不同的氧化还原状态，即氧化态辅酶 Q（CoQ 或 Q）、还原态辅酶 Q（CoQH$_2$ 或 QH$_2$）和介于两者之间的自由基半醌（QH）。由于辅酶 Q 具有高度疏水性，故能在线粒体内膜的疏水区中迅速扩散，它在呼吸链中不牢固结合于蛋白质上，作为一种特殊灵活的载体而发挥作用，因而在呼吸链中处于中心地位。

细胞色素是一类含铁的电子传递体。它们都以血红素作为辅基，存在于血红素中的铁以 Fe^{2+}-Fe^{3+} 的互变形式发挥电子传递体的作用。呼吸链中的细胞色素蛋白至少有 5 种，即细胞色素 b、细胞色素 c、细胞色素 c$_1$、细胞色素 a、细胞色素 a$_3$ 等。它们大部分和线粒体内膜紧密结合，但细胞色素 c 结合较松弛，与其他细胞色素相比较，其相对分子质量较小（1.3×10^4）。细胞色素 a 和细胞色素 a$_3$ 以复合物形式存在，称为细胞色素氧化酶（又称细胞色素 c 氧化酶），它是呼吸链中最后一个载体，该酶除含铁外，还含有铜原子。通过上述细胞色素辅基血红素中 Fe 可逆地被氧化还原，最后将电子传递给 O$_2$，生成氧离子，氧离子与 2H$^+$ 结合成 H$_2$O。

实验表明，上述电子传递链（呼吸链）的组分中，除辅酶 Q 和细胞色素 c 是自由流动外，其余均以多分子复合物的形式包埋在线粒体内膜中，并形成 4 种含氧化还原酶与其辅基的复合物（表 5-2）。这 4 种复合物在呼吸链中的排列顺序如图 5-4 所示。

表 5-2 线粒体呼吸链的组分和定位

酶复合物	相对分子质量	亚基数	辅基	与膜结合方式	催化部位的定位
复合物Ⅰ NADH-CoQ 还原酶	850000	>25	FMN	嵌入	NADH：M 侧
			FeS	嵌入	CoQ：中间
复合物Ⅱ 琥珀酸-CoQ 还原酶	140000	4	FAD、FeS	嵌入	琥珀酸：M 侧
			Heme b	嵌入	CoQ：中间
复合物Ⅲ CoQ-细胞色素 c 还原酶	250000	10	Heme b 562	嵌入	CoQ：中间
			Heme b 566	嵌入	细胞色素 c$_1$：C 侧
			Heme c$_1$、FeS	嵌入	
细胞色素 c	13000	1	Heme c	外周	细胞色素 c：C 侧
复合物Ⅳ 细胞色素氧化酶	160000	6～13	Heme a	嵌入	细胞色素 a：C 侧
			Heme a$_3$	嵌入	O$_2$：M 侧
			Cu$_A$、Cu$_B$	嵌入	

注：M 侧为线粒体基质侧，C 侧为膜间隙侧或称细胞质侧；Heme 为血红素。

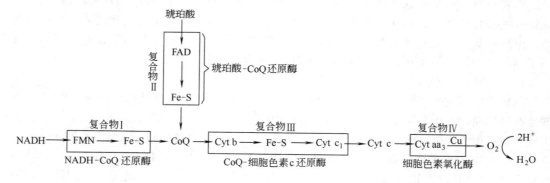

图 5-4 线粒体呼吸链组分的排列顺序（引自刘凌云等，2002）

　　复合物 I 是 NADH-CoQ 还原酶，又称 NADH 脱氢酶，由 25 条以上多肽链组成，含有黄素单核苷酸（FMN）和至少 6 个铁硫中心，以二聚体的形式存在。它是呼吸链中最大最复杂的酶复合物，其作用是催化 NADH 的 2 个电子通过铁硫蛋白传给辅酶 Q，同时发生质子的跨膜输送，故复合物 I 既是电子传递体又是质子移位体。

　　复合物 II 是琥珀酸-CoQ 还原酶，又称琥珀酸脱氢酶，由 4 条多肽链组成，含有黄素腺嘌呤二核苷酸（FAD）、铁硫中心和细胞色素 b。其作用是催化电子从琥珀酸通过 FAD 和铁硫中心传给辅酶 Q。复合物 II 不能使质子跨膜移位。

　　复合物 III 是 CoQ-细胞色素 c 还原酶，由 10 条多肽链组成，以二聚体的形式存在。含有细胞色素 b、细胞色素 c_1 和铁硫中心。其作用是催化电子从辅酶 Q 传给细胞色素 c，同时发生质子的跨膜输送，故复合物 III 既是电子传递体，又是质子移位体。

　　复合物 IV 是细胞色素氧化酶，由 6～13 条多肽链组成，以二聚体的形式存在。含有细胞色素 a 和细胞色素 a_3 及 2 个铜原子（Cu_A、Cu_B）。其作用是催化电子从细胞色素 c 传递给 O_2，将 O_2 还原成 H_2O，同时发生质子的跨膜输送，故复合物 IV 既是电子传递体又是质子移位体。

　　呼吸链的各组分在内膜上的含量比不同，不同种类细胞中线粒体的这种比例也不相同。大致比例为：复合物 I ∶复合物 III ∶复合物 IV ＝1∶3∶7。4 种复合物在电子传递过程中协同作用，复合物 I 、复合物 III 、复合物 IV 组成主要的 NADH 呼吸链，催化 NADH 的氧化；复合物 II 、复合物 III 、复合物 IV 组成 $FADH_2$ 呼吸链，催化琥珀酸的氧化（图 5-5）。

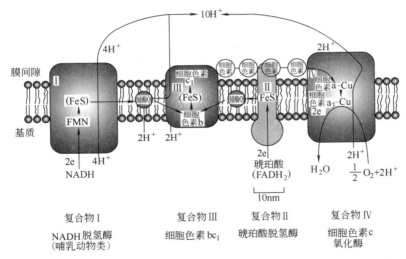

图 5-5　线粒体内膜呼吸链电子传递示意图（引自 Gerald Karp，1999）

　　实验表明，呼吸链各组分有严格的排列顺序和方向。从 NADH 到分子氧之间的电子传递过程中，电子是按氧化还原电位从低向高传递。如图 5-6 所示，$NAD^+/NADH$ 的氧化还原电位值最低（$E'_0 = -0.32V$），O_2/H_2O 的氧化还原电位值最高（$E'_0 = +0.82V$）。根据实验测定的呼吸链各组分的氧化还原电位值确定其排列顺序，因为各组分在链上的顺序与其得失电子的趋势有关，电子总是从低氧化还原电位向高氧化还原电位流动。氧化还原电位值愈低的组分供电子的倾向愈大，愈易成为还原剂而处于传递链的前面。

　　（2）ATP 合成酶的分子结构与组成

　　ATP 合成酶（ATP synthetase）又称 F_1F_0-ATP 酶或 H^+-ATP 酶，广泛存在于线粒

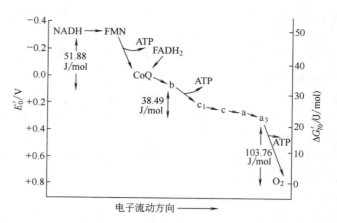

图 5-6 NADH 和 FADH₂ 沿呼吸链传递至 O₂ 分子的电子传递次序（引自刘凌云等，2002）

体、叶绿体、异养菌和光合细菌中，是生物体能量转换的核心酶。该酶分别位于线粒体内膜、类囊体膜或质膜上，参与氧化磷酸化和光合磷酸化，在跨膜质子动力势的推动下催化合成 ATP。

ATP 合成酶是较大的多亚基蛋白质复合物，其分子结构由突出于膜外的头部 F_1 和嵌于膜内的基部 F_0 两部分组成（图 5-7）。

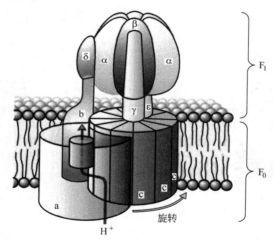

图 5-7 ATP 合成酶的结构（引自 Lodish 等，1999）

F_1（偶联因子 F_1）是嵴与内膜内侧突出于线粒体内膜基质侧的颗粒状结构，是依赖于 Ca^{2+}、Mg^{2+} 的 ATP 酶。它是水溶性球蛋白，由 5 种多肽组成 $\alpha_3\beta_3\gamma\delta\varepsilon$ 复合体，它们有一定的排列顺序。分析证实，3 个 α 亚基和 3 个 β 亚基交替排列，形成一个"橘瓣"状结构，α 亚基和 β 亚基上均具有核苷酸结合位点，其中 β 亚基的结合位点具有催化 ATP 合成或水解的活性。γ 亚基与 ε 亚基有很强的亲和力，结合在一起形成"转子"，位于 $\alpha_3\beta_3$ 的中央，共同旋转以调节 3 个 β 亚基催化位点的开放和关闭。δ 亚基有抑制酶水解 ATP 的活性，同时还有堵塞 H^+ 通道、减少 H^+ 泄漏的功能。F_1 还有抑制蛋白，专一地抑制 F_1-ATP 酶的活力，在正常条件下可能起生理调节作用，即具有调节酶活性的功能，但不抑制 ATP 合成。

F_0（偶联因子 F_0）是嵌合在内膜上的疏水蛋白复合体，形成一个跨膜质子通道，具有质子载体的作用。F_0 亚基组成比较复杂，在不同物种中差异很大。在细菌中，F_0 由 3 种多

肽组成 ab_2c_{12} 复合体，其中 12 个 c 亚基组成一个环形结构，具有质子通道，可使质子由膜间隙流回基质，a 亚基与 b 亚基二聚体排列在 c 亚基十二聚体的外侧，并与 δ 亚基共同组成"定子"。

F_1 和 F_0 通过"转子"和"定子"将两部分连接起来，在合成或水解 ATP 的过程中，"转子"在通过 F_0 的 H^+ 流的推动下旋转，依次与 3 个 β 亚基作用，调节 β 亚基催化位点的构象变化；"定子"在一侧将 $\alpha_3\beta_3$ 与 F_0 连接起来。F_0 的作用之一，就是将跨膜质子动力势转换成扭力矩，推动"转子"旋转。

实验表明，呼吸链的各组分和 ATP 合成酶在线粒体内膜上的分布是不对称的，数量也不相等。例如，心肌线粒体中，ATP 合成酶：复合物Ⅲ：细胞色素 c：复合物Ⅳ＝1：1：2：2。呼吸链的各组分和 ATP 合成酶约占内膜蛋白质的 32%～40%，其中 ATP 合成酶约占 15%。

2. 氧化磷酸化作用与电子传递的偶联

（1）氧化磷酸化及其发生部位　氧化还原的本质是电子的转移。氢原子的转移其本质也是电子转移，因为 H 原子可分解为 H^+ 与 e^-。呼吸链上氧化作用释放出的能量与 ADP 的磷酸化相偶联形成 ATP 的过程称为氧化磷酸化（oxidative phosphorylation）。当电子从 NADH 或 $FADH_2$ 经呼吸链传递给氧形成水时，伴随有 ADP 磷酸化形成 ATP，即进行了氧化磷酸化作用。氧化磷酸化是生成 ATP 的一种主要方式，是细胞内能量转换的主要环节。呼吸链中有 3 个部位的自由能变化较大，这 3 个部位是进行氧化磷酸化的偶联部位（图 5-6）。NADH 呼吸链生成 ATP 的 3 个部位是：NADH 至辅酶 Q 之间；细胞色素 b 至细胞色素 c 之间；细胞色素 aa_3 至氧之间。每处各生成 1 分子 ATP，共生成 3 个 ATP 分子。但 $FADH_2$ 呼吸链只生成 2 个 ATP 分子，这是因为电子从 $FADH_2$ 至辅酶 Q 间传递所释放的能量不足以形成高能磷酸键所致。

（2）氧化磷酸化的偶联机制　氧化磷酸化的偶联机制一直是研究氧化磷酸化作用的关键，也是大家最关注的中心问题。20 多年来提出了各种假说，主要有化学假说、构象偶联假说、化学渗透假说等。其中化学渗透假说已成为氧化磷酸化机制研究中最为流行的一种假说。该假说是 1961 年英国生物化学家 Mitchell 提出来的，他因此获得了 1978 年诺贝尔化学奖。

化学渗透假说的主要内容是，呼吸链的各组分在线粒体内膜中的分布是不对称的，当高能电子在膜上沿呼吸链传递时，所释放的能量将 H^+ 从内膜基质侧泵至膜间隙，由于膜对 H^+ 是不通透的，从而使膜间隙的 H^+ 浓度高于基质，因而在内膜的两侧形成电化学质子梯度，也称为质子动力势。在这个梯度驱动下，H^+ 穿过内膜上的 ATP 合成酶流回到基质，其能量促使 ADP 和 Pi 合成 ATP。化学渗透假说的最大特点是强调了膜结构的完整性。如果膜不完整，H^+ 便能自由通过膜，则无法在内膜两侧形成质子动力势，那么氧化磷酸化就会解偶联。一些解偶联试剂的作用就在于改变膜对 H^+ 的通透性，从而使电子传递所释放的能量不能转换合成 ATP。

以美国生物化学家 Boyer 为代表，提出了通过 ATP 酶合成 ATP 的"结合改变机制"和"旋转模型"，揭示了 ATP 合成酶的作用机制。他们认为，与 ATP 合成酶活性密切相关的 3 个 β 亚基各自具有一定的构象，构象不同，与核苷酸结合的亲和力也不同。ATP 合成过程中，在质子流驱动 γ 亚基和 ε 亚基（与定位的 β 亚基相关）旋转 120°的情况下，3 个 β 亚基的构象也相互发生转变，从而引起了 β 亚基对 ATP、ADP 和 Pi 结合力的改变，导致了

ATP 的合成和释放。

综上所述，可以把线粒体内膜中的呼吸链看做是质子泵，在电子沿呼吸链传递给氧的同时，也将基质中的 H^+ 泵至膜间隙，形成内膜两侧的质子动力势。在此动力势的驱动下，H^+ 穿过内膜上的 ATP 合成酶回到基质，同时质子流驱动 ATP 合成酶的构象发生变化，导致 ATP 的合成和释放。

（3）电子传递与氧化磷酸化过程　　NADH 是介于三羧酸循环和线粒体内膜之间的主要媒介物，以 NAD^+ 为辅酶的脱氢酶催化代谢物质脱氢后，NAD^+ 被还原为 NADH，同时生成一个 H^+。NADH 将它的两个电子和一个质子传递给黄素单核苷酸（FMN），开始了呼吸链电子传递过程。

复合物 I 中的黄素单核苷酸（FMN）接受 NADH 提供的 2 个电子和 1 对 H^+，被还原成 $FMNH_2$，$FMNH_2$ 将 1 对电子经铁硫蛋白（FeS）传给靠近内膜内侧的 2 个辅酶 Q，同时发生质子跨膜运输，$FMNH_2$ 把 1 对 H^+ 释放到膜间隙。

每个辅酶 Q 先自复合物 III 中的细胞色素 b 获得 1 个电子，并从基质中摄取 1 个 H^+，而被还原为半醌（QH），QH 再接受从复合物 I 传递来的 1 个电子，同时又从基质中摄取 1 个 H^+，形成全醌（QH_2）。QH_2 通过改变构象由膜内侧移动到内膜的外侧，此时 QH_2 的 2 个电子中的 1 个先交还给细胞色素 b，另外 1 个电子经 FeS 传给细胞色素 c_1，同时，先后向膜间隙释放 2 个 H^+。接着细胞色素 c_1 又将电子传递给内膜外缘的细胞色素 c。这时辅酶 Q 则从内膜外侧回到内侧，完成 Q 循环（Q cycle）。因此，通过 Q 循环每传递 1 个电子，就有 2 个 H^+ 被泵到膜间隙。

细胞色素 c 在膜间隙扩散，将电子传递给复合物 IV，基质侧的 H^+ 可通过复合物 IV 的质子通道又回到膜间隙。复合物 IV 的细胞色素 aa_3 将电子传给 $\frac{1}{2}O_2$，生成 O^{2-} 并与基质中的 2 个 H^+ 结合生成水。由此可见，在电子传递过程中，不断有 H^+ 从线粒体基质中抽提到膜间隙（图 5-8）。

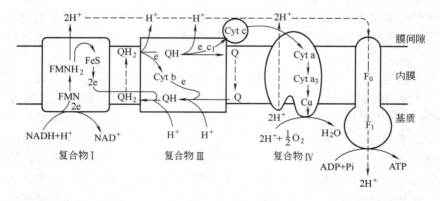

图 5-8　线粒体内膜中通过呼吸链进行氧化磷酸化的图解（引自翟中和等，2000）

由于线粒体内膜对 H^+ 的不通透性，造成了 H^+ 浓度的跨膜梯度，并使原有的外正内负的跨膜电位差增高，H^+ 浓度梯度和跨膜电位共同构成了质子动力势，质子动力势推动 H^+ 通过 ATP 合成酶装置进入基质，每进入 2 个 H^+ 可驱动合成 1 个 ATP 分子。根据化学渗透假说，电子及质子通过呼吸链上电子载体和氢载体的交替传递，在线粒体内膜上形成 3 次回路，导致 3 对 H^+ 由基质抽提至膜间隙，生成 3 个 ATP 分子。

四、线粒体的半自主性和增殖

1. 线粒体的半自主性

20 世纪 60 年代以前，普遍认为 DNA 只存在于细胞核中。1963 年 M. Nass 和 S. Nass 观察到，在线粒体中有一种纤维经 DNA 酶处理后，其纤维结构消失，表明线粒体中含有 DNA。之后一些学者也在许多动物、植物细胞线粒体中发现了 DNA 的存在。经过进一步的研究，人们又在线粒体中发现了 RNA、DNA 聚合酶、RNA 聚合酶、tRNA、核糖体、氨基酸活化酶等进行 DNA 复制、转录和蛋白质翻译的全套装备，说明线粒体具有独立的遗传功能，因此认为线粒体是真核细胞的第二遗传系统。

线粒体 DNA（mitochondrion DNA，mtDNA）较小，结构也较简单，常存在于线粒体的基质中，有时也附着在线粒体内膜上。除了一些藻类和原生动物外，线粒体 DNA 一般呈环形，它们与细菌基因组相似，不含组蛋白。一个线粒体中可含一个至几个 DNA 分子，线粒体越大所含 DNA 分子越多。大多数动物细胞的 mtDNA 有 15000～16000 个碱基对，高等植物细胞中的 mtDNA 较动物细胞大得多，具体数目依植物种类不同而异。人的 mtDNA 有 16569 个碱基对，其一级结构的序列分析已全部完成。

线粒体 DNA 以半保留方式进行自我复制，复制时间不局限于 S 期，同时也发现在其他的间期时相中。复制时可能附着在线粒体内膜上并以此作为复制起始点。线粒体基因组 DNA 可编码自己的 rRNA、tRNA、mRNA，它们在线粒体核糖体中进行蛋白质合成。这些线粒体 RNA 转录体与转译产物全部保留在线粒体中，为线粒体所特有。但是在富含多种蛋白质的线粒体中，由线粒体 DNA 编码合成的蛋白质很少，线粒体 1000 多种蛋白质中，自身合成的仅 10 余种，因此线粒体基因组 DNA 信息量是有限的。线粒体中的大多数蛋白质是由细胞核基因编码，在细胞质核糖体中合成的。线粒体基因在转录与转译过程中也受到核基因的控制，所以线粒体是一个半自主性的细胞器，线粒体功能的维持是核基因和线粒体基因两套遗传系统密切配合和协调的结果。

2. 线粒体的增殖

研究表明，细胞内线粒体的增殖是通过已有线粒体的生长与分裂或出芽进行的。在细胞发育过程中，线粒体也随之生长，膜表面积增加，基质蛋白质增多，以及线粒体 DNA 进行复制，然后线粒体再分裂。通过电镜观察，线粒体增殖有以下几种方式。

（1）间壁分裂 线粒体分裂时，先由内膜向中心内褶，或是线粒体的某一个嵴延伸到对缘的内膜而形成贯通嵴，把线粒体一分为二，使之成为只有外膜相连的两个独立的细胞器，接着线粒体完全分离（图 5-9）。这种分裂方式常见于鼠肝和植物细胞中。

（2）收缩分裂 分裂时线粒体中部缢缩并向两端不断拉长，整个线粒体约呈哑铃形，然后分裂为两个线粒体（图 5-10）。这种分裂方式见于蕨类和酵母线粒体中。

（3）出芽 一般是先从线粒体上出现球形小芽，然后与母体分离，脱落后逐渐长大，发育成新的线粒体。这种分裂方式见于酵母和藓类植物。

近 10 年来，对线粒体与疾病、衰老关系的研究日益受到人们的重视。特别是随着线粒体遗传研究的进展，对线粒体疾病发生的分子机理也有了较深入的阐明，现已知不少线粒体疾病是由于线粒体 DAN 突变与功能缺陷所致。如克山病就是一种心肌线粒体病，它是以心肌损伤为主要病变的地方性心肌病，患者因营养缺乏（缺硒）而导致心肌线粒体出现膨胀、嵴少且不完整，一些与氧化磷酸化密切相关的酶活性明显降低等。

线粒体与衰老、细胞凋亡也密切相关。有人认为，线粒体 DNA 的大片段丢失，会导致

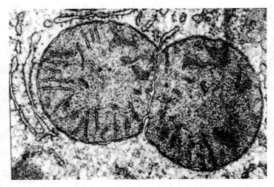

图 5-9 肝细胞中处于分裂状态的线粒体
电镜图（引自 Friend D. S.）

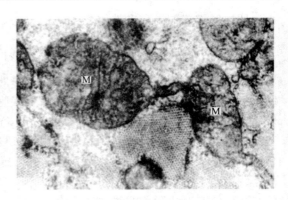

图 5-10 线粒体的收缩分裂

能量代谢功能普遍下降，是构成人类衰老、疾病的一个重要因素（见第十章）。

第二节 叶 绿 体

叶绿体（chloroplast）是植物细胞所特有的细胞器，是细胞进行光合作用的场所。它能利用光能将二氧化碳和水合成有机物，释放氧气，同时将光能转化为化学能。所以绿色植物的光合作用是地球上有机体生存、繁殖和发展的根本源泉。

一、叶绿体的形状、大小和分布

叶绿体的形状、大小及数目因植物种类不同有很大差别，尤其是藻类植物的叶绿体变化更大。大多数高等植物的叶细胞中含有 50～200 个叶绿体，可占细胞质体积的 40%～90%。典型的叶绿体形状为透镜形，长径为 5～10μm，短径为 2～4μm，厚 2～3μm，体积大约比线粒体大 2～4 倍。低等植物的叶绿体形态差别很大，可呈网状、螺旋带状、杯状和星状等，数目少则 1 个，多则上千个不等，且体积大小不一。

叶绿体多在细胞核周围和近细胞壁处，但有时也呈均匀分布。外界条件可影响叶绿体的分布、大小及数量。在阳光充足的条件下，叶绿体的体积大、数目多。

二、叶绿体的结构和化学组成

在电子显微镜下可以看到，叶绿体是由叶绿体膜（chloroplast membrane）或称叶绿体被膜（chloroplast envelope）、类囊体（thylakoid）和基质三部分构成（图 5-11）。

1. 叶绿体膜

叶绿体表面由双层单位膜组成，即内膜和外膜。每层膜厚约 6～8nm，内外膜之间有10～20nm 宽的空隙，称为膜间隙。外膜的渗透性大，细胞质中的大多数营养分子可自由通过外膜进入膜间隙。内膜对通过物质的选择性很强，是细胞质和叶绿体基质间的功能屏障。有些化合物如 CO_2、O_2、磷酸、H_2O、磷酸甘油酸、丙糖磷酸、双羧酸和双羧酸氨基酸等可以透过内膜；有些化合物如蔗糖、C_5 糖、苹果酸、$NADP^+$ 及焦磷酸等则不能直接透过内膜，需由内膜上的特殊载体协助才能通过。

叶绿体膜的主要成分是蛋白质和脂类。脂类中以磷脂和糖脂最多。在叶绿体膜中已知的酶类有：ATP 酶、腺苷酸激酶、半乳糖基转移酶以及参与糖脂合成和代谢有关的一些酶等。

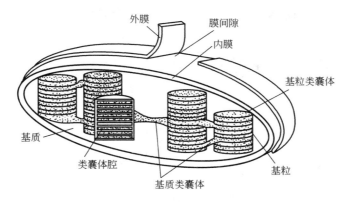

图 5-11　叶绿体结构的图解（引自刘凌云等，2002）

2. 类囊体

（1）类囊体的结构　在叶绿体内部结构上，最突出的特征是具有复杂的层膜系统。在叶绿体膜内，有许多由单位膜封闭形成的扁平小囊，称为类囊体。类囊体一般沿叶绿体长轴平行排列。在某些部位，许多圆饼状的类囊体叠在一起，在光学显微镜下呈现颗粒状，称为基粒（grana）。组成基粒的类囊体称为基粒类囊体，因其切面观似片层结构，故又称为基粒片层。一个基粒类囊体的直径约为 $0.25 \sim 0.8 \mu m$，厚约 $0.01 \mu m$。一个基粒由 $5 \sim 30$ 个基粒类囊体组成，最多的可达上百个。每个叶绿体含有 $40 \sim 60$ 个甚至更多的基粒。贯穿在两个或两个以上基粒之间没有发生垛叠的类囊体，称为基质类囊体，又称为基质片层。由于相邻的基粒类囊体由基质片层相连，则类囊体腔彼此相通，因而一个叶绿体的全部类囊体实际上是一个完整的、连续的封闭膜囊，这样使膜囊与基质相隔开，有利于光合磷酸化过程中 H^+ 梯度的形成。类囊体作为一个单独封闭膜囊的原始概念已失去原来的意义，它所表示的仅仅是叶绿体切面的平面形态。

冰冻断裂蚀刻电镜术观察到，在类囊体膜中镶嵌有大小、数量不同的颗粒，集中了光合作用能量转换功能的全部组分。这些组分包括：捕光色素（天线色素）、两个光反应中心、各种电子载体、合成 ATP 的系统和从水中抽取电子的系统等。它们分别装配在光系统Ⅰ（photosystem Ⅰ，PSⅠ）、光系统Ⅱ（photosystem Ⅱ，PSⅡ）、细胞色素 bf、CF_0-CF_1 ATP 合成酶等主要的膜蛋白复合物中。

PSⅠ和 PSⅡ复合物都是由核心复合物和捕光复合物组成，但它们在组分、结构甚至功能上是不同的。PSⅠ的核心复合物的反应中心是一个包括多种还原中心的多蛋白质复合体，即结合中心色素 P700 和 2 种电子载体——A_0（一个 ChlA 分子）、A_1（维生素 K_1）及 3 个不同的铁硫中心等；PSⅡ的核心复合物是由 20 多个不同的多肽组成的叶绿体蛋白质复合体，它的反应中心主要是以 D1 和 D2 为两条核心肽链及结合中心色素 P680、去镁叶绿素（pheophytin，Ph）和质体醌（plastoquinone，PQ）等（图 5-12）。

ATP 合成酶，即 CF_0-CF_1 偶联因子，其结构和功能类似于线粒体 ATP 合成酶。CF_1 同样由 5 种亚基组成 $\alpha_3\beta_3\gamma\delta\epsilon$ 的结构。CF_0 嵌在膜中，由 4 种亚基构成，是质子通过类囊体膜的通道。但两者也有不同的特性，叶绿体的 CF_1 的激活需有—SH 基化合物，如二硫苏糖醇，同时还需 Mg^{2+}。

细胞色素 bf 复合体可能以二聚体形成存在，每个单体含有 4 个不同的亚基：细胞色素 b（b_{563}）、细胞色素 f、铁硫蛋白以及质体醌的结合蛋白。其作用为电子传递载体。

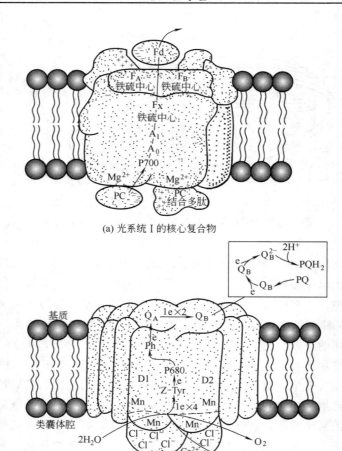

(a) 光系统Ⅰ的核心复合物

(b) 光系统Ⅱ的核心复合物

图 5-12　光系统Ⅰ和光系统Ⅱ的核心复合物示意图（引自翟中和等，2000）

　　这些复合物在类囊体膜中呈不对称分布。PSⅡ几乎全部分布在基粒与基质非接触区的膜中，PSⅠ主要分布在基粒与基质接触区及基质类囊体的膜中，细胞色素 bf 在类囊体膜上分布较为均匀，ATP 合成酶位于基粒与基质接触区及基质类囊体的膜中（图 5-13）。

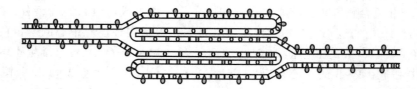

图 5-13　光合作用的复合物在类囊体膜上的分布

▮光系统Ⅰ；◦ 细胞色素 bf；

▯光系统Ⅱ；◊ ATP 合成酶

　　（2）类囊体的化学组成　　类囊体膜的主要成分是蛋白质和脂类，其中蛋白质约占 60%，脂类占 40%。脂类主要是磷脂和糖脂，还有色素、醌化合物等。磷脂占类囊体膜总量的10% 左右；糖脂中的单半乳糖甘油二酯（MGDG）约占 40%，二半乳糖甘油二酯（DGDG）占 20%；硫酯（SQDG）等占 10%～15%；色素（叶绿素、类胡萝卜素）占 20%～25%。脂类中的脂肪酸主要是不饱和脂肪酸（约 87%），因此类囊体膜的脂双分子层具有较高的流动性。

类囊体膜的蛋白质可分为外在蛋白和内在蛋白两类。外在蛋白在类囊体膜的基质侧分布较多，CF_1 就是其中一种主要的外在蛋白，还有一些是与光反应有关的酶；类囊体膜的内在蛋白主要有细胞色素 bf 复合体、质体醌（PQ）、质体蓝素（PC，含有铜的蛋白质）、铁氧化还原蛋白（Fd）、黄素蛋白（铁氧化还原蛋白-$NADP^+$ 还原酶）、光系统 I 和光系统 II 的叶绿素-蛋白质复合物等。

3. 基质

叶绿体内膜与类囊体之间充满着胶状的基质。片层系统悬浮于基质之中。基质的主要成分为可溶性蛋白质和一些代谢活跃物质，其中核酮糖-1,5-二磷酸（RuBP）羧化酶是光合作用中起重要作用的酶系，亦是自然界含量最丰富的蛋白质，占类囊体可溶性蛋白质的 80% 和叶片可溶性蛋白质的 50%。基质中含有叶绿体自身的基因组和遗传系统，所以在基质中含有一套特有的核糖体、RNA 和 DNA，这样使得叶绿体在遗传上具有一定的自主性。此外，基质中还含有淀粉粒、质体小球及植物铁蛋白（含铁的蛋白质，其功能是储存铁）等。

三、叶绿体的功能

叶绿体的主要功能是进行光合作用。绿色植物利用体内叶绿素吸收光能，把 CO_2 和水转化成有机物，并释放氧气的过程称为光合作用（photosynthesis）。通过光合作用使 CO_2 还原为富含能量的糖类，所以光合作用的本质是光能转换为化学能的过程。光合作用过程包括很多复杂的反应，根据现代资料研究，可以将它们归属于两类范畴，即光反应及暗反应。

光反应是在类囊体膜上由光引起的光化学反应，是通过叶绿素等光合色素分子吸收、传递光能，并将光能转换为电能，进而转换为活跃的化学能，形成 ATP 和 NADPH 的过程。它包括原初反应、电子传递及光合磷酸化过程。所有光反应的成分均存在于类囊体膜上，因此，光反应是在类囊体膜上进行的。

暗反应是在叶绿体基质中进行的不需光（也可在光下）的酶促化学反应，是利用光反应生成的 ATP 和 NADPH 将 CO_2 还原为糖类等有机物，即将活跃的化学能最后转换为稳定的化学能，积存于有机物中的过程。该过程之所以被称为暗反应是因为它们需要光反应产生的 ATP 及 NADPH，而与光无直接关系。但是，研究者在 20 世纪 80 年代初即确定该循环中的某些酶的活性是受光调节的。

1. 原初反应

原初反应是指叶绿素分子从被光激发到引起第一个光化学反应的过程，包括光能的吸收、传递与转换。即光能被捕光色素分子吸收并传递至反应中心，在反应中心发生最初的光化学反应，使电荷分离从而将光能转换为电能的过程。该过程仅在小于或等于 10^{-9} s 内完成，是一个非常快的过程。现已公认在光反应中包括两个原初光化学反应，并分别由 PS I 和 PS II 完成。

每个光系统都含有捕光色素和反应中心色素。捕光色素只具有吸收聚集光能和传递激发能给反应中心的作用，而无光化学活性，故又称为天线色素，由全部的叶绿素 b 和大部分的叶绿素 a、胡萝卜素及叶黄素等组成。反应中心色素由一种特殊状态的叶绿素 a 分子组成，按其最大吸收峰的不同分为两类：吸收峰为 700nm 者称为 P700，是 PS I 的中心色素；吸收峰为 680nm 者称为 P680，是 PS II 的中心色素。它们既是光能的捕捉器，又是光能的转换器，具有光化学活性，在直接吸收光量子或从其他色素分子传递来的激发能被激发后，产生电荷分离，将光能转换为电能。一般认为 200~250 个捕光色素分子所聚集的光能传给一个反应中心色素分子（图 5-14）。因此捕光色素和反应中心构成了光合作用单位，它是进行光合作用的最小结构单位。反应中心由一个中心色素分子 Chl 和一个原初电子供体 D 及一个原初电子受体 A 组成。反应中心的基本成分是蛋白质和脂类，数量很少的叶绿素 a 分子与这些脂蛋白结合，有序地排列在片层结构上，形成特殊状态的非均一系统。

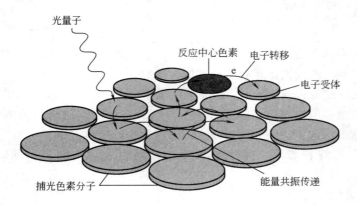

图 5-14　集光复合体

原初反应的第一步是捕光色素吸收光能后呈激发态，接着在捕光色素之间发生激发的共振传递，最后传递到反应中心色素分子 Chl（即 P680 和 P700）。反应中心色素 Chl 被激发而成激发态 Chl*，同时放出电子给原初电子受体 A（在 PSⅠ中 A 为一种特殊的 Chl，以 A_0 表示；在 PSⅡ中 A 为去镁叶绿素，即 Ph），这时 Chl 被氧化为带正电荷的 Chl^+，而 A 被还原为带负电荷的 A^-。氧化的 Chl^+ 又可从原初电子供体 D 获得电子而恢复为原来状态的 Chl，原初电子供体 D 则被氧化为 D^+。这样不断地氧化还原，就不断地把电子传递给原初电子受体 A，完成了光能转换为电能的过程，其结果是 D 被氧化而 A 被还原。此过程可归纳如图 5-15 所示。

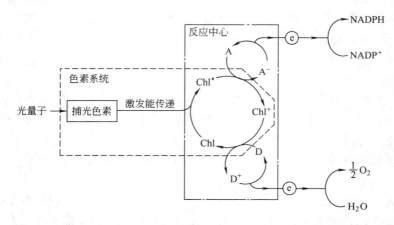

图 5-15　光合作用原初反应的能量吸收、传递与转换图解（引自翟中和等，2000）

2. 电子传递和光合磷酸化

（1）电子传递　实验证明，光合作用的电子传递是在两个不同的光系统中进行的，即由 PSⅠ和 PSⅡ协同完成。在 PSⅡ中 P680 接受能量后，由基态变为激发态（P680*），然后将电子传递给去镁叶绿素（Ph），P680* 带正电荷，从原初电子供体 Z（反应中心 D1 蛋白上的一个酪氨酸侧链）得到电子而还原。Z^+ 再从放氧复合体（含 Mn 的蛋白质复合物，用 MnC 表示）上获取电子，氧化态的放氧复合体从水中获取电子，使水光解：$2H_2O \longrightarrow O_2 + 4H^+ + 4e$。

在另一个方向上去镁叶绿素将电子传给 D2 上结合的 Q_A，Q_A 又迅速将电子传给 D1 上的 Q_B 并将其还原，还原型的质体醌（PQH_2）从光系统 II 复合体上游离下来，另一个氧化态的质体醌占据其位置形成新的 Q_B。质体醌将电子传给细胞色素 bf 复合体，同时将质子由基质转移到类囊体腔。电子接着传递给位于类囊体腔一侧的含铜蛋白的质体蓝素（PC）中的 Cu^{2+}，再将电子传递到 PS I。

在 PS I 中，P700 被光能激发后释放出来的高能电子沿着 $A_0 \rightarrow A_1 \rightarrow$ 铁硫蛋白的方向依次传递，由类囊体腔一侧传向类囊体基质一侧的铁氧化还原蛋白（Fd）。最后在铁氧化还原蛋白-NADP 还原酶的作用下，将电子传给 $NADP^+$，形成 NADPH。失去电子的 P700 从 PC 处获取电子而被还原（图 5-16）。

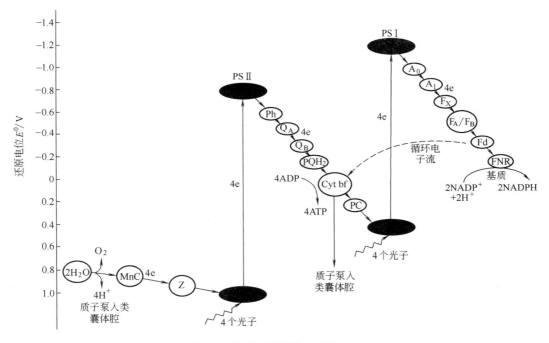

图 5-16　光反应的电子传递途径图解（引自 Stenesh J.，1998）

光合电子传递体在类囊体膜上的空间分布是不对称的，有的接近膜表面，有的深埋膜中。PS II 的放氧一端位于类囊体膜的内侧，因此水的光解放出的 O_2 和 H^+ 进入类囊体腔。PS I 的 $NADP^+$ 还原一端位于类囊体膜的外侧，因此 $NADP^+$ 被还原生成的 NADPH 进入叶绿体基质。PQ 是亲脂分子，位于膜的脂双分子层中，可在流动的膜中迅速地扩散，它在膜的外侧接受电子和 H^+ 被还原，而在膜的内侧放出电子和 H^+ 被氧化。因此，伴随着电子传递，把类囊体膜外的 H^+ 不断地转运到类囊体腔中，使膜内外两侧形成 H^+ 浓度差。PC 位于膜的内表面，Fd 位于膜的外表面，它们在膜中易流动，可沿膜的内外表面迅速扩散。虽然 PS II 与 PS I 在类囊体膜中是分隔分布的，但电子还是能顺利地从 PS II 传递到 PS I。

　　总之，由于两个光系统吸收了能量，导致形成两个高能电子给予两个受体，而引起水中电子最终传递到 NADP$^+$，这种电子流是非循环式电子流。当植物在缺乏 NADP$^+$ 时，由 P700 给出的高能电子传到 Fd 后，经细胞色素 bf 复合体传到 PC，最后电子又回到 P700，故这种电子流称为环式电子流。

　　（2）光合磷酸化　　由光照引起的电子传递与磷酸化作用相偶联而生成 ATP 的过程称为光合磷酸化（photophosphorylation）。在非循环式电子流中偶联磷酸化形成 ATP 的过程称为非循环式光合磷酸化，其产物除 ATP 外还有 NADPH 及分子氧；在循环式电子流中偶联磷酸化形成 ATP 的过程称为循环式光合磷酸化，其产物仅有 ATP，不伴随 NADPH 的生成，PSⅡ也不参加，所以不产生氧。

　　光合磷酸化的作用机理（以化学渗透学说为例）与氧化磷酸化类似，两者在电子传递和 ATP 形成之间起偶联作用的都是由于 H$^+$ 的跨膜移动所形成的质子动力势。在光合磷酸化中，合成 ATP 的质子梯度是由电子传递途径中的两处反应产生 H$^+$ 而形成的。一处为水的光解，即类囊体腔中的水分子发生光解，释放出氧分子、质子和电子，引起电子从水传递到 NADP$^+$ 的电子流，但 H$^+$ 仍留在类囊体腔中，使类囊体膜内的 H$^+$ 浓度增加；另一处是 PQ 与细胞色素 bf 复合体发生反应，即 PQ 接受电子时，从基质中摄取 2 个质子，还原为 PQH$_2$，PQH$_2$ 移到膜的内侧，将 2 个质子释放到类囊体腔中，而把电子交给细胞色素 bf，可见此反应将基质中的 H$^+$ 泵入类囊体腔内。以上两处反应的结果均使类囊体膜内侧的 H$^+$ 浓度增加，因而形成了类囊体膜内外两侧的 H$^+$ 浓度差，即质子动力势，从而推动 H$^+$ 通过膜中的 CF$_0$ 到膜外的 CF$_1$ 发生磷酸化作用，使 ADP 与磷酸（Pi）形成 ATP（图 5-17）。由于 CF$_1$ 在类囊体膜的基质侧，所以新合成的 ATP 立即被释放到基质中。同样 PSⅠ形成的 NADPH 也在基质中，这样光合作用的光反应产物 ATP 和 NADPH 都处于基质中，便于被随后进行的碳同化的暗反应所利用。

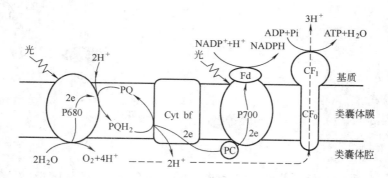

图 5-17　叶绿体类囊体膜中进行光合磷酸化的图解（引自翟中和等，2000）

　　3. 光合碳同化

　　光合碳同化属于暗反应，是在叶绿体的基质中进行的一系列酶促反应。从能量转换角度讲，碳同化是将光反应所生成的 ATP 和 NADPH 中活跃的化学能，转换为储存在糖类中稳定的化学能的过程。现已阐明，高等植物的碳同化有三条途径：卡尔文循环、C$_4$ 途径和景天科酸代谢途径。其中卡尔文循环是碳同化最重要最基本的途径，只有这条途径才具有合成淀粉等产物的能力。其他两条途径只能起固定和转运 CO$_2$ 的作用，不能单独形成淀粉等产物。

　　（1）卡尔文循环　　卡尔文循环（Calvin cycle）是由 M. Calvin 等人发现提出的。由于固

定 CO_2 的最初产物是 3-磷酸甘油酸（三碳化合物），故也称 C_3 途径。卡尔文和他的同事从20世纪40年代到50年代中期研究了 CO_2 同化的途径，他们以小球藻作为主要研究材料，应用 $^{14}CO_2$ 示踪方法，历经10年的研究，揭示了 CO_2 的同化途径。并由此获得了1961年诺贝尔化学奖。

C_3 途径是所有植物进行光合碳同化所共有的基本途径。它包括一系列复杂的反应，可概括为三个阶段，即羧化、还原和 RuBP 再生。

① 羧化阶段　CO_2 在叶绿体中必须经过羧化固定成羧酸才能被还原。叶绿体中的核酮糖-1,5-二磷酸（RuBP）是 CO_2 的接受体，在 RuBP 羧化酶的催化下，CO_2 与 RuBP 反应形成 2 分子的 3-磷酸甘油酸（PGA）。

② 还原阶段　PGA 在 3-磷酸甘油酸激酶催化下被 ATP 磷酸化，形成 1,3-二磷酸甘油酸，然后在甘油醛磷酸脱氢酶催化下被 NADPH 还原形成 3-磷酸甘油醛。这一阶段是一个吸能反应，光反应中形成的 ATP 和 NADPH 主要是在这一阶段被利用。所以，还原阶段是光反应与暗反应的连接点。一旦 CO_2 被还原成 3-磷酸甘油醛，光合作用的储能过程便完成。之后，一部分 3-磷酸甘油醛用于 RuBP 的再生；一部分 3-磷酸甘油醛可通过糖酵解途径，逆转形成磷酸葡萄糖，用于合成多糖，也可通过糖酵解途径生成丙酮酸，用于脂肪和氨基酸的合成。

③ RuBP 再生阶段　利用已形成的 3-磷酸甘油醛经过一系列转变，最终再生成 5-磷酸核酮糖。然后在磷酸核酮糖激酶的催化下发生磷酸化作用形成 RuBP，并消耗 1 分子 ATP。

综上所述，C_3 途径是以光反应合成的 ATP 及 NADPH 为动力，推动 CO_2 的固定、还原。每循环一次只能固定一个 CO_2 分子，循环 6 次才能把 6 个 CO_2 分子同化成一个己糖分子。

（2）C_4 途径　20世纪60年代研究发现，某些热带或亚热带起源的植物中，除了具有卡尔文循环外，还存在着另一个独特的固定 CO_2 的途径，它们固定 CO_2 的最初产物是草酰乙酸（四碳化合物），所以称为 C_4 途径。具有这种途径的植物称为 C_4 植物，如甘蔗、玉米、高粱等。C_4 植物的叶脉周围有一圈含叶绿体的维管束鞘细胞，外面又有环列着的叶肉细胞，因此 C_4 植物对 CO_2 的净固定是由这两类细胞密切配合而完成的，它们利用 CO_2 的效率特别高，即使 CO_2 浓度很低时，还可固定 CO_2。因此，这类植物积累干物质的速度很快，为高产型植物。

（3）景天科酸代谢　生长在干旱地区的景天科等肉质植物的叶子，气孔白天关闭，夜间开放，因而夜间吸进 CO_2，在磷酸烯醇式丙酮酸羧化酶（PEPC）催化下，与磷酸烯醇式丙酮酸（PEP）结合，生成草酰乙酸，进一步还原为苹果酸。白天 CO_2 从储存的苹果酸中经氧化脱羧释放出来，参与卡尔文循环，形成淀粉等。所以植物体在夜间有机酸含量很高，而糖含量下降；白天则相反，有机酸含量下降，而糖分增多。这种有机酸日夜变化的类型，称为景天科酸代谢（crassulaceae acid metabolism，CAM）。这些植物称为 CAM 植物，如景天、落地生根等。CAM 途径与 C_4 途径相似，只是 CO_2 固定与光合作用产物的生成，在时间及空间上与 C_4 途径不同。

此外，叶绿体也是半自主性细胞器，具有自身的 DNA 和蛋白质合成体系，但只能合成自身需要的少部分蛋白质，绝大多数蛋白质仍是由细胞核 DNA 基因编码，在细胞质核糖体上合成，然后转运入叶绿体之中。同时，叶绿体也能依靠分裂而增殖，其分裂是靠叶绿体中部缢缩而实现的。

思 考 题

1. 试述线粒体和叶绿体的结构特征并比较其异同点。
2. 线粒体呼吸链各组分的成分及其在内膜上的排列如何？
3. 如何证明线粒体的电子传递和磷酸化作用是由两个不同的结构系统来实现的？
4. 光系统、捕光复合物和作用中心的结构与功能的关系如何？
5. 氧化磷酸化偶联机制的化学渗透假说的主要论点是什么？
6. 试比较线粒体的氧化磷酸化与叶绿体的光合磷酸化的异同点。
7. 为什么说线粒体和叶绿体是半自主性细胞器？

第六章 细 胞 核

【学习目标】
1. 掌握核被膜与核孔复合物的结构特点，理解核孔复合物的转运机制。
2. 掌握染色质的结构组成与装配。
3. 明确染色体的浓缩、包装机理，了解其生物学意义。

  细胞核是真核细胞中最大、最重要的细胞器，是细胞遗传性和细胞代谢活动的控制中心。所有真核细胞，除高等植物韧皮部成熟的筛管细胞和哺乳动物成熟的红细胞等极少数特例外，都含有细胞核。如果失去细胞核，一般来说最终将导致细胞死亡。原核细胞不具有典型的核结构，如细菌具有一个没有核膜包围的核区。在细胞生命周期中，细胞核交替地处于两种状态——间期核与分裂相的核。

  细胞核大多呈卵圆形或球形，其大小随生物种类和细胞类型不同而表现出差异，其大小一般为 $1\sim10\mu m$，最小的不到 $1\mu m$，而最大的核如苏铁科某种植物卵细胞核直径可达 $500\sim600\mu m$，动物细胞的核一般为 $10\mu m$ 左右。

  通常一个细胞一个核，哺乳动物的肝细胞可有双核，破骨细胞有 $6\sim50$ 个细胞核，高等植物的毡绒层细胞含有 $2\sim4$ 个核。这些多核细胞大部分为核分裂后未进行细胞分裂所致，也有部分细胞融合后形成多核细胞，如肌细胞。

  细胞核的主要结构包括核被膜、核仁、核基质、染色质、核纤层等部分，它们相互联系和依存，使细胞核作为一个统一的整体发挥其重要的生理功能（图 6-1、图6-2）。

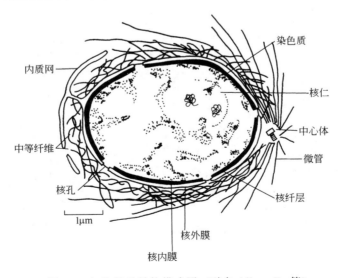

图 6-1　细胞核的结构模式图（引自 Albert B. 等）

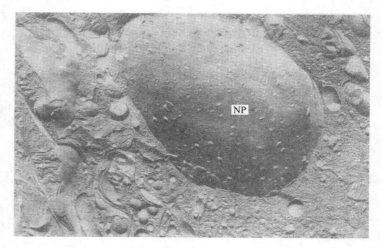

图 6-2　小鼠肾上皮细胞核冰冻蚀刻电镜照片

第一节　核被膜与核孔复合体

一、核被膜

核被膜位于间期细胞核的最外层，是细胞核与细胞质之间的界膜。核被膜在普通光学显微镜下不能显示其结构，在电子显微镜下才能观察到其精细结构。

核被膜能使细胞核内环境的温度、压力、pH 和化学成分维持相对恒定，使其成为细胞中一个相对独立和稳定的系统。一方面核被膜构成了核、质之间的天然选择性屏障，将细胞分成核与质两大结构与功能区域。DNA 复制、RNA 转录和加工在核内进行，蛋白质翻译局限在细胞质中，减少了相互干扰，从而使细胞的生命活动更加有序和高效。另一方面核被膜并不是完全封闭的，核质之间通过核孔复合体进行着频繁的物质、信息交流。

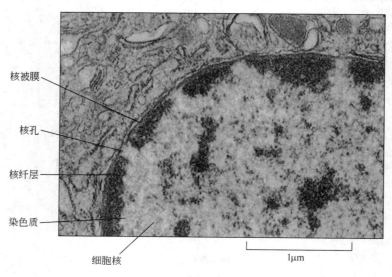

核被膜

核孔

核纤层

染色质

细胞核

1μm

图 6-3　核被膜的电镜照片

核被膜（图 6-3）由内、外两层平行但不连续的单位膜组成，每层单位膜的厚度约为 7.5nm。面向胞质的一层为核外膜，表面常附有大量的核糖体颗粒，并且常与糙面内质网相通连。所以核外膜也可以看作是糙面内质网的一个特化区域。面向核质的一层为核内膜，表面光滑，没有核糖体颗粒附着，但紧贴其内表面有一层致密的纤维网络结构，即核纤层，使核膜具有一定的强度，维持核的形状。间期核内有很多染色质丝与核内膜相连。在两层膜之间有宽约 20～40nm 的透明腔隙，称为核周间隙，与内质网腔连通。核周间隙充满着液态不定形物质。在内、外核膜上有相互融合形成环状开口的核孔（nuclear pore，NP），是核质间物质相互交流的渠道，并有一定的选择性。核孔由至少 50 种不同的蛋白质构成，称为核孔复合体（nuclear pore complex，NPC）。一般哺乳动物细胞平均有 3000 个核孔。细胞核活动旺盛的细胞中核孔数目较多，反之较少。如蛙卵细胞每个核可有 37.7×10^6 个核孔，但成熟后细胞核仅有 150～300 个核孔。

二、核孔复合体

1. 结构模型

从发现核孔复合体以来，不断有新的结构模型提出，综合近年来提出的核孔复合物新的结构模型（图 6-4、图 6-5），从横向上看，该复合物由周边向核孔中心依次可分为环、辐、

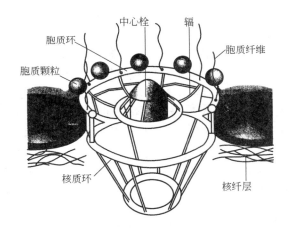

图 6-4 核孔复合物立体模型（引自刘凌云等，2002）

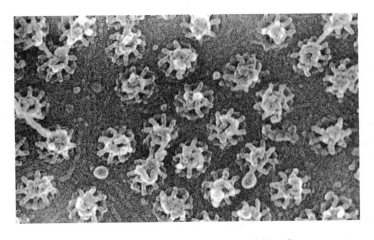

图 6-5 两栖类卵母细胞核孔核质面的表面结构（仿 Karp G.）

栓等结构亚单位。从纵向上看，核孔复合体由核外向核内依次可分为胞质环、辐（＋栓）、核质环等结构亚单位。综合起来由以下四种结构组成。

（1）胞质环　又称外环，位于核孔边缘的胞质面一侧，在环上有 8 条纤维对称分布伸向胞质。

（2）核质环　又称内环，位于核孔边缘的核面一侧，比外环结构复杂，在环上也有 8 条纤维对称分布伸向核内，并且在纤维末端形成一个直径为 60nm 的小环，使核质环就像一个"捕鱼笼"。

（3）辐　由核孔边缘伸向核孔的中央，呈辐射状八重对称，结构较复杂。

（4）栓　又称中心栓，位于核孔中心，也被称作转运器，可能与核质间物质交换有关。

2. 功能

核孔复合体在功能上可被认为是一种特殊的跨膜运输蛋白复合物，并且是一个双向性、双功能的亲水性核质交换通道。双向性是指核孔复合体既介导蛋白质的入核转运，又介导 RNA、核糖核蛋白体（RNP）的出核转运；双功能是指它有被动扩散和主动运输两种运输方式。

（1）通过核孔复合体的被动扩散　核孔复合体亲水通道的有效直径为 9～10nm，即离子、小分子以及直径小于 10nm 的物质原则上可以自由通过。

（2）通过核孔复合体的主动运输　生物大分子的核质分配主要是通过核孔复合体的主动运输完成的，具有高度选择性，表现在：①运输颗粒大小的选择，主动运输的功能直径比被动运输的大，核孔复合体的有效直径大小是可以调节的；②通过核孔复合体的主动运输是一个信号识别与载体介导的过程，并且需要有能量供应；③通过核孔复合体的主动运输具有双向性，它既能把 DNA 聚合酶、RNA 聚合酶、组蛋白、核糖体蛋白等复制、转录、装配所需物质运输到核内，又能将翻译所需的 RNA 以及装配好的核糖体亚单位输送到胞质。

【相关链接】 亲核蛋白

近年来对亲核蛋白的入核转运研究进展较快。亲核蛋白是指在细胞质内合成后，需要或能够进入细胞核内发挥功能的一类蛋白质。核质蛋白是一种亲核蛋白质，在非洲爪蟾卵母细胞核中含量丰富。用蛋白水解酶有限水解，可得到其头部片段（N 端）和尾部片段（C 端）。将带有放射性标记的完整核质蛋白及头部片段、尾部片段分别注射到爪蟾卵母细胞的细胞质中，结果发现，完整的核质蛋白不能进行被动扩散，但能够在细胞核内迅速积累，尾部片段也能在核内迅速积累，而头部片段却被排斥于细胞核外。将核质蛋白及其尾部片段分别包裹在 20nm 的胶体金颗粒上，再注射到细胞质中，这种胶体金颗粒也能在核内积累。实验结果表明，某种亲核的输入信号存在于该种蛋白质的尾部片段（图 6-6）。

现已证实，亲核蛋白一般都含有一段特殊的氨基酸序列，这段具有定向、定位作用的序列可引导蛋白质进入核内，称为核定位信号（nuclear localization signal，NLS）。已知细胞质中存在 NLS 受体（importin），是一类与核孔选择性运输有关的蛋白质家族，为异源二聚体。

核质蛋白向细胞核的输入可描述如下（图 6-7）：①亲核蛋白通过 NLS 识别 importin α，与 NLS 受体 importin α/β 二聚体结合，形成转运复合物；②在 importin β 的介导下，转运复合物与核孔复合体的胞质环上的纤维结合；③纤维向核弯曲，转运器构象发生改变，形成亲水通道，转运复合物被转移到核质面；④转运复合物与 Ran-GTP 结合，复合体解离，亲核蛋白释放；⑤与 Ran-GTP 结合的 importin β 输出细胞核，在细胞质中 Ran 结合的 GTP 水解，Ran-GDP 返回细胞核重新转换为 Ran-GTP；importin α 在核内载体蛋白的帮助下运回细胞质。

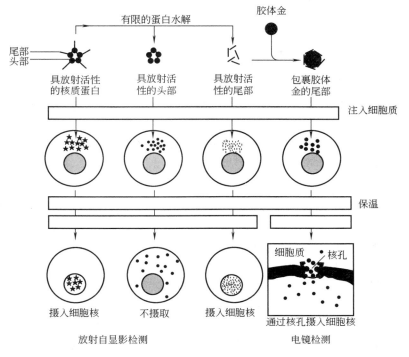

图 6-6　通过核孔复合物选择性输入蛋白质示意图（引自刘凌云等，2002）

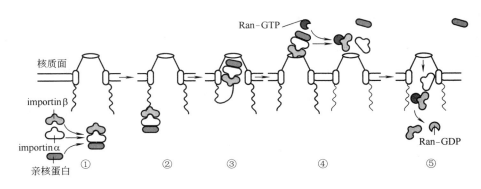

图 6-7　亲核蛋白的核输入过程（引自翟中和等，2000）

　　对细胞核向细胞质的大分子输出了解较少，大多数情况下，细胞核内的 RNA 是与蛋白质形成 RNP 复合物转运出细胞核的，也是一种由受体介导的信号识别的主动运输过程。

第二节　染色质与染色体

　　早在 1879 年，W. Flemming 就提出了染色质（chromatin）这一术语，最初是指细胞间期核内能被碱性染料染色的物质。1888 年，W. Waldeyer 提出了染色体（chromosome）的概念。根据电镜观察，染色质是一种细微纤丝，它在有丝分裂时，浓缩组装成光镜下可见的染色体，在有丝分裂末期逐渐解旋，间期变成染色质。染色体和染色质是同一物质在间期和分裂期的不同形态结构的表现。

一、染色质的组成

通过生化分析，染色质的主要化学成分是 DNA 与组蛋白，还有非组蛋白及少量的 RNA。其中 DNA、组蛋白、非组蛋白、RNA 的含量之比约为 $1:1:(0.2\sim0.8):0.1$。非组蛋白与 RNA 的含量随细胞生理状态不同而变化，代谢活动越强，非组蛋白与 RNA 的含量越高。DNA 与组蛋白的含量在所有组织中则相对恒定，是细胞内稳定的结构成分。

1. 染色质 DNA

细胞里的 DNA 绝大部分存在于染色质中，它的含量十分恒定。进一步的研究表明，染色质 DNA 存在重复序列，并根据重复序列的频率分为三类：高度重复序列、中度重复序列和单一序列。

（1）高度重复序列　这是由一些短的 DNA 片段组成的呈串联重复排列的序列，在基因组中重复频率高，几乎所有真核细胞染色质 DNA 中都有这种高度重复序列。卫星 DNA 就是这类高度重复顺序，由于它所含有的 G 和 C 的量比大部分细胞 DNA 要略多或略少，这样在 CsCl 密度梯度离心中表现为主峰旁边的一组小峰，称卫星 DNA，或随体 DNA。

（2）中度重复序列　在这一类中，核苷酸序列的重复频率在基因组中从几十次到几千次，包括组蛋白基因、rRNA 基因、tRNA 基因、5S RNA 基因等。

（3）单一序列　这种 DNA 序列在基因组中只出现一次或若干次。除组蛋白外，细胞内许多种蛋白质都是由单一序列的 DNA 转录编码的，原核细胞的基因也是单一序列。

2. 染色质蛋白质

染色质 DNA 结合蛋白包括两类：一类是组蛋白，与 DNA 非特异性结合；另一类是非组蛋白，与 DNA 特异性结合。

（1）组蛋白　组蛋白是构成真核生物染色质的基本结构蛋白，是一类碱性蛋白质，可以和酸性的 DNA 紧密结合，这种结合一般不要求特殊的氨基酸序列，是非特异性的。

用聚丙烯酰胺凝胶电泳可将组蛋白分为 H1、H2A、H2B、H3 和 H4，几乎存在于所有真核细胞。在功能上可把 5 种组蛋白分为两组。①核小体组蛋白，又称高度保守的核心组蛋白，包括 H2A、H2B、H3 和 H4，它们通过 C 端的疏水氨基酸相互结合形成核小体的中心，N 端的带正电荷的氨基酸位于外部以便于结合 DNA 分子，使 DNA 分子缠绕在组蛋白核心周围，形成核小体。核心组蛋白的结构非常保守，特别是 H4，如牛和豌豆 H4 的 102 个氨基酸中仅有 2 个不同。②H1 组蛋白，其分子较大（220 个氨基酸左右），球形中心在进化上保守，但 N 端和 C 端两个臂上的氨基酸变异较大，在进化上不如核小体组蛋白那么保守，有一定的种属和组织特异性。

（2）非组蛋白　与组蛋白不同，非组蛋白是指染色体上与特异 DNA 序列结合的蛋白质，所以又称序列特异性 DNA 结合蛋白，非组蛋白的特性是：①含有较多的天冬氨酸和谷氨酸，带负电荷，属酸性蛋白质；②在整个细胞周期都进行合成，不像组蛋白只在 S 期合成，并与 DNA 复制同步进行；③能识别特异的 DNA 序列，识别信息存在于 DNA 本身，位点在大沟部分。

非组蛋白的功能是：①帮助 DNA 分子折叠，以形成不同的结构域，从而有利于 DNA 的复制和基因的转录；②协助启动 DNA 复制；③控制基因转录，调节基因表达。因此，研究非组蛋白对深入揭示染色质包装、DNA 复制、转录、基因表达调控等具有重要意义。

3. 常染色质与异染色质

真核细胞间期核染色质按其形态特征和染色性能区分为两种类型，即常染色质与异染色质（图6-8）。

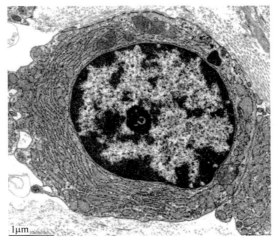

图 6-8　异染色质（深染）和常染色质（浅染）

（1）常染色质　常染色质是正常情况下经常活动，有功能的染色质。在电镜下间期核内染色质纤维折叠压缩程度低，处于伸展状态，用碱性染料染色时着色较浅，多位于核的中央位置，并通到核孔的内面，形成所谓的常染色质通道。构成常染色质的DNA序列主要是一些单一序列和中度重复序列。常染色质的DNA复制一般较早，多发生在细胞周期S期的早期。结构基因及绝大多数基因位于常染色质上，遗传活性大。

（2）异染色质　电镜或光镜下见到的染色质高密度的区域，实际上就是异染色质。在间期或分裂早期，异染色质是处于凝集状态的DNA与组蛋白的复合物。由于这部分螺旋缠绕紧密，形成20～30nm直径的纤维，故又称浓缩染色质。一般位于间期核的边缘。异染色质又分结构异染色质和兼性异染色质。

【相关链接】　结构染色质与兼性染色质

① 结构异染色质　多指各种类型的细胞在整个细胞周期（除复制期外）都处于凝集状态，DNA包装没有太大变化的异染色质。异染色质主要由相对简单、高度重复的DNA序列构成，具有明显的遗传惰性，转录上无活性。一般DNA的复制较晚，多发生在细胞周期S期的晚期。在间期核内结构异染色质聚集形成染色中心，在中期染色体上定位于着丝粒区、端粒、次缢痕和染色体臂的某些区段，具有保护、控制同源染色体配对及调节作用。

② 兼性异染色质　指在某些细胞类型或一定的发育阶段，由原来的常染色质凝集，失去其基因转录活性而变为异染色质。兼性异染色质在不同的细胞类型中的量有所不同。一般随着细胞分化，较多的基因逐次以凝集状态关闭，致使基因活化蛋白无法接近而丧失基因活性。例如雄性哺乳类细胞的单个X染色体呈常染色质状态，而雌性哺乳类细胞的两条X染色体之一在发育早期可异染色质化，固缩成巴氏小体，即是由常染色质转变成异染色质的一个例子。固缩的X染色质在受精后又可转变为X常染色质，说明常染色质、异染色质的状态是可以变换的。

二、染色质的基本结构单位——核小体

人体的一个细胞核中有23对染色体，每条染色体的DNA双螺旋若伸展开，平均长为5cm，核内全部DNA连接起来约1.7～2.0m，而细胞核直径不足10μm。因此，不难想象

DNA 是以螺旋和折叠的方式压缩起来的，压缩比例高达上万倍，这种压缩的最初级结构就是核小体（nucleosome）。

1974 年，R. Kornberg 等处理染色质，结合电镜观察，发现核小体是染色质的基本结构单位，并以这个实验为基础，提出了染色质结构的"串珠"模型。

用温和的方法裂解细胞核，在电镜下观察其内容物，大部分未经处理的染色质为直径 30nm 的纤丝，经盐溶液处理后解聚的染色质在电镜下可见一系列的串珠状结构，串珠的直径为 10nm（图 6-9）。每个珠是一个核小体核心颗粒，其间串联的丝为 DNA 双螺旋。这种在核心颗粒之间的 DNA 称连接 DNA，串珠样的结构称为核小体链。

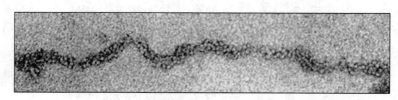

(a) 30nm 染色质纤维（直接从间期核分离的自然状态的结构）

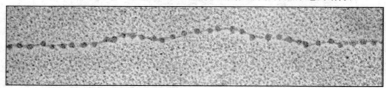

(b) 30nm 染色质纤维解聚后的串珠结构，核小体的核心颗粒直径为 10nm

图 6-9　染色质纤维的电镜照片（引自 Hamkalo B.，Miller Jr O. L. 等）

用非特异性核酸酶（如微球菌核酸酶）处理染色质，大多数情况下可得到大约 200bp 的片段；如果部分酶解，则得到的是以 200bp 为单位的单体、二体、三体等。

由此可见，核小体是一种串珠状结构，由核心颗粒和连接 DNA 两部分组成，可描述如下（图 6-10、图 6-11）：①每个核小体单位包括约 200bp 的 DNA、一个组蛋白核心和一个 H1；②由 H2A、H2B、H3、H4 各两分子形成八聚体，构成核心颗粒；③DNA 分子以左手螺旋缠绕在核心颗粒表面，每圈 80bp，共 1.75 圈，约 146bp，两端被 H1 锁合；④相邻核心颗粒之间为一段 60bp 的连接 DNA。

三、染色质和染色体的关系

1. 染色体的多级螺旋模型

核小体是染色体的基本结构单位，即染色体的一级结构。通过核小体，DNA 长度压缩了 7 倍，形成直径为 11nm 的纤维（图 6-12）。

核小体紧密连接可形成直径为 10nm 的染色线，再由染色线螺旋缠绕便形成外径 30nm、内径 10nm、相邻螺旋间距 11nm 的螺线管。每圈螺旋含 6 个核小体，DNA 长度又被压缩了 6 倍，这种螺线管就是染色体的二级结构。

30nm 的螺线管再行盘绕，即形成超螺线管，管直径为 $0.4\mu m$、长约 $11\sim60\mu m$。这种超螺线管即是染色质的三级结构。从螺线管到超螺线管 DNA 长度又压缩了约 40 倍。超螺线管再经过一次折叠，就可形成染色单体，即染色质的四级结构，从超螺线管到染色单体，DNA 长度又压缩了约 5 倍。

总的由一个 DNA 分子长链包装成染色体共压缩了大约 8000～10000 倍。

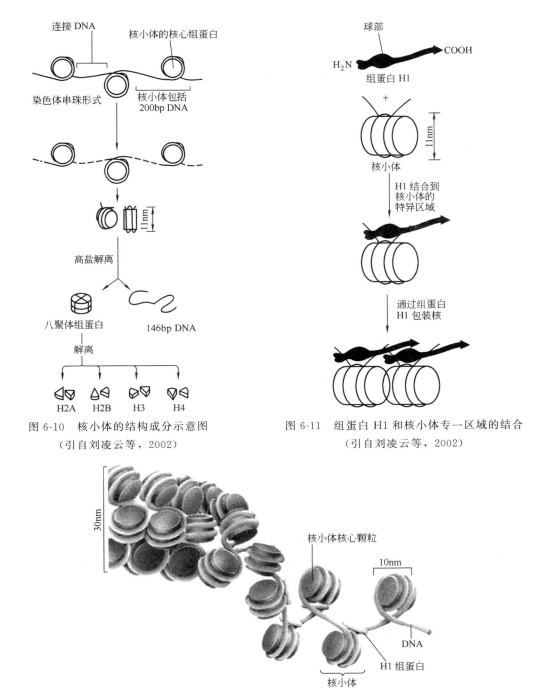

图 6-10　核小体的结构成分示意图
（引自刘凌云等，2002）

图 6-11　组蛋白 H1 和核小体专一区域的结合
（引自刘凌云等，2002）

图 6-12　染色体多级螺旋模型（引自 Albert B. 等）

2. 染色体的辐射环模型

用 2mol/L 的 NaCl 溶液或硫酸葡聚糖加肝素溶液处理 HeLa 细胞中期染色体，除去组蛋白和大部分非组蛋白后，在电镜下观察时，可看到由非组蛋白构成的染色体骨架，在着丝粒区域相连接，DNA 链散开成晕状围绕在支架的周围，并和支架相连接，在电镜照片中可以发现无数的袢环从支架的一点发出又返回到与其相邻近的点。依照这些研究成果，人们提出染色体辐射环模型（图 6-13）。这一模型认为：30nm 的染色线折叠成袢环，袢环沿染色体纵轴由中央向四周伸出，构成辐射环。环的基部在染色单体的中央集中，并与非组蛋白的轴相连接。

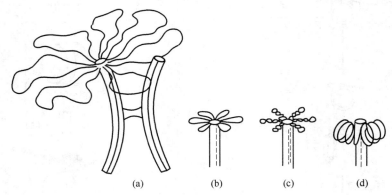

图 6-13　染色体结构的骨架模型

（a）去组蛋白后染色体骨架和 DNA 侧环；（b）～（d）袢环 DNA 和非组蛋白交互后形成的各种结构

四、染色体的形态、结构与类型

染色体是细胞在有丝分裂时期遗传物质存在的特定形式，是间期细胞染色质结构紧密包裹的结果。一般都以细胞有丝分裂中期的染色体作为标准，常称为"中期染色体"。染色体是基因的载体。所以研究染色体形态结构和数目的变化，对于了解生物体的遗传、变异以及进化等是极为重要的。

1. 染色体的形态、结构

中期染色体形态稳定，它由两条染色单体组成，也称为姊妹染色单体，彼此以着丝粒相连。

（1）着丝粒　染色体中连接两个染色单体，并将染色单体分为两臂（短臂和长臂）的部位。由于此部位的染色质较细、内缢，又叫主缢痕。此处 DNA 具高度重复序列，为碱性染料深染。

【相关链接】　着丝粒

着丝粒是一种高度有序的整合结构，分为三种结构域：动力结构域、中央结构域和配对结构域。在着丝粒的两侧各有一个由蛋白质构成的三层的盘状或球状结构，称动粒，它与纺锤丝相连，与染色体移动有关（图 6-14）。着丝粒有两个基本的功能：第一个功能是在有丝分裂前将两条姊妹染色单体结合在一起，第二个功能是为动粒微管提供结合位点。着丝粒含有结构性异染色质，人的染色体着丝粒含有大约 170bp 的重复 DNA（称为 α 卫星 DNA），随机重复的次数达 2000～30000 次。

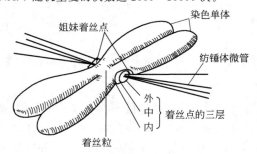

图 6-14　着丝点与着丝粒的模式图（引自 Bostock）

（2）次缢痕　除了主缢痕外，染色体上其他的缢缩部位即次缢痕，由于此处部分 DNA 松懈，形成核仁组织区，故此变细。它的数量、位置和大小是某些染色体的重要形态特征。每种生物染色体组中至少有一条或一对染色体上有次缢痕。

（3）核仁组织区（nucleolar organizing region，NOR）　位于染色体的次缢痕部位，但不是所有的次缢痕都是 NOR。该处是 rRNA 基因（5S rRNA 基因除外）所在部位，与核仁的形成有关。

（4）随体　由次缢痕隔开的一小块圆形或圆柱形染色质叫随体，通过次缢痕与染色体主体部分相连，是识别染色体的重要形态特征之一。根据随体在染色体上的位置，可分为两大类：随体处于末端的，称为端随体；处于两个次缢痕之间的称为中间随体。

（5）端粒　是染色体游离端的特化部位。属于结构异染色质，是一个简单序列大量重复的端粒 DNA。其生物学功能是维持染色体稳定，防止末端粘连和重组，锚定染色体于细胞核内，辅助线性 DNA 复制等。

2. 染色体类型

根据着丝粒在染色体上的位置，可将染色体分为 4 种类型（图 6-15）：中着丝粒染色体，着丝粒位于染色体中部，两臂相等或基本相等；近中着丝粒染色体，着丝粒靠近染色体中央部分，染色体具有一条长臂和一条短臂；近端着丝粒染色体，着丝粒靠近染色体的端部，染色体的长臂和短臂有明显差别；端着丝粒染色体，着丝粒位于染色体的末端。

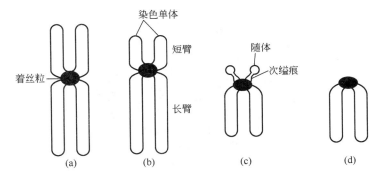

图 6-15　染色体类型（引自郑国昌，1992）

（a）中着丝粒染色体；（b）近中着丝粒染色体；

（c）近端着丝粒染色体；（d）端着丝粒染色体

五、巨大染色体

1. 多线染色体

（1）发现及分布　多线染色体是由意大利细胞学家 Balbiani 于 1881 年在双翅目摇蚊幼虫的唾液腺细胞中发现的，为体细胞永久性间期染色体（图 6-16）。多线染色体存在于双翅目昆虫的幼虫组织内，如唾液腺、马氏管、脂肪体细胞、气管和肠上皮细胞。多线染色体还见于一些植物细胞中，如植物菜豆胚囊和反足细胞等。

（2）成因　具有多线染色体的细胞能进行核内有丝分裂，通过多次细胞周期，染色质DNA 复制多次，但复制后并不分离。由于细胞不分裂，复制后的子染色体无法分配到子细胞中并且有序并行地排列。体细胞同源染色体配对紧密贴紧，每条染色质精确对应并排成一排，以后经过多次复制，沿着染色体长轴从一端起始到另一端终止，仍然保持在一起，就形成了具有多条染色质纤维又粗又长的大染色体（图 6-17）。

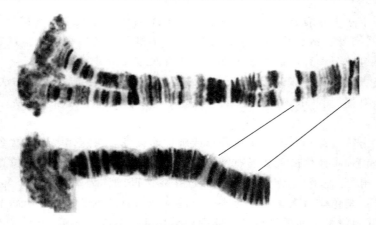

图 6-16　果蝇唾腺染色体（引自 Painter T.S. 等）

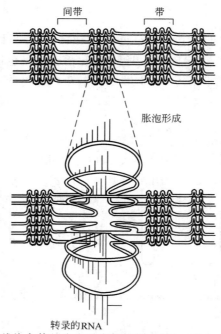

图 6-17　多线染色体的胀泡形成及 RNA 转录（引自 Albert B. 等）

　　一般经过 10 次复制，$2^{10}=1024$，所以多线染色体约由 1024 根染色质纤维构成。有些特殊的双翅目昆虫可进行 15 次复制，则有大约 $2^{15}=321768$ 根染色质纤维。

　　可见多线染色体是由 1000～4000 条染色单体构成的，同源部分彼此对齐，用温和的染色方法染色，每条染色体沿它的纵长交替出现致密的和较不致密的区域，称为带和间带区。从结构上看，每条带由多条并行排列的染色质纤维形成环状结构，彼此对应包装而成。多线染色体上带的形态、大小及分布都相当稳定，由此可得到多线染色体（带型）图。

　　通过观察，多线染色体有 3 个特点：①虽然 DNA 分子穿过染色体的整个长度，但在带内要浓缩很多，实际上 85% 的 DNA 在带内，在间带里只有 15% 左右；②在同一物种和同一有机体的所有组织细胞中，带和间带的总图样是一致的，具有种的特异性；③核内 DNA 复制在多线染色体里并非同步，异染色质比常染色质较少复制，有遗传作用的 DNA 复制 1000 次，而 rRNA 的基因往往复制较少，着丝粒区不复制。

2. 灯刷染色体

（1）发现及分布　灯刷染色体是 Flemming 于 1882 年在有尾类美西蝾螈的组织切片中观察到的一种构造很独特的染色体。1892 年 Rückert 在研究鲨鱼的卵母细胞中发现了形态像灯刷的染色体，命名为灯刷染色体（图 6-18）。

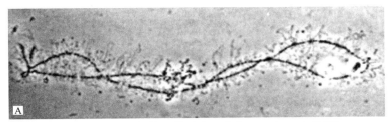

图 6-18　灯刷染色体电镜照片（引自 Joseph G. Gall 等）

灯刷染色体在生物界分布广泛，大多数的灯刷染色体出现在卵母细胞第一次减数分裂的双线期，有的出现在精母细胞减数分裂的前期。

（2）成因　每条灯刷染色体是由两个同源染色体组成的二价体，每条同源染色体由两条姐妹染色单体组成，每条染色单体是一条双链 DNA 分子。两条同源染色体在交叉处结合在一起。在不同的发育阶段，灯刷染色体呈现不同的形态。

构成灯刷染色体的染色质纤维分化为染色体轴和侧环。在轴上，由染色质纤维紧密包装形成许多具一定间隔的染色粒，染色粒间的纤维叫轴丝。每个染色粒向两侧伸出侧环，大部分 DNA 存在于染色粒中，没有转录活性，侧环是转录活跃区。卵母细胞发育所需的全部 mRNA 和蛋白质等都是从灯刷染色体上转录下来合成的（图 6-19）。

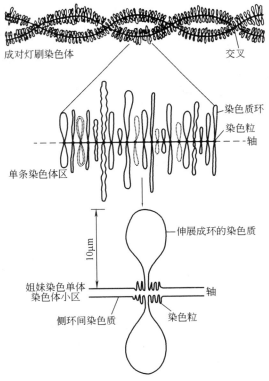

图 6-19　灯刷染色体的结构（引自 Albert B. 等）

多线染色体和灯刷染色体都是巨大染色体，多线染色体比一般体细胞的染色体大好多倍，而灯刷染色体是充分展开的染色体，仅一个侧环平均长 25μm 左右，以每一染色单体组具 5000 个染色粒，每个染色粒 18 倍于侧环计，可想其长度远远大于体细胞染色体。另一个相同点是两者都是转录活跃的染色体。虽然两者都经过同源染色体配对，但未高度螺旋化。

两者不同点是多线染色体分布在体细胞，而灯刷染色体一般分布在生殖细胞成熟分裂的双线期。多线染色体存在于个体发育阶段的不同时刻，只有少数几个胀泡，即少数基因在转录；而灯刷染色体环在转录上似乎都是活跃的，这可能是因卵母细胞发育所需要。

第三节　核　　仁

核仁（nucleolus）是真核细胞间期核中最显著的结构。光镜下核仁为单一或多个均质的球形小体。核仁的形状、大小和数目随生物种类、细胞形状和生理状态而变化。核仁与蛋白质的合成密切相关，蛋白质合成旺盛的分泌细胞和卵母细胞，核仁大；不具有蛋白质合成能力的肌肉细胞等，核仁小。核仁中主要含蛋白质，其次是 RNA，DNA 和脂肪等含量较少。

一、核仁的超微结构

核仁在电镜下的超微结构与胞质中大多数细胞器不同，即核仁周围没有明显的界膜包裹。核仁由三种基本的结构区域组成（图 6-20）：纤维中心、致密纤维组分和颗粒组分。

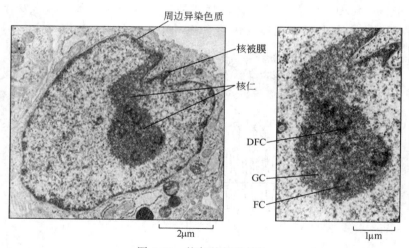

图 6-20　核仁的超微结构

1. 纤维中心

在电镜下，纤维中心（fibrillar centers，FC）是被致密的纤维成分不同程度地包围着的一个或几个浅染的低电子密度区域。

2. 致密纤维组分（dense fibrillar comoponent，DFC）

电镜下的致密纤维组分是核仁超微结构中电子密度最高的区域，由致密纤维组成，染色深，呈环形或半月形包围 FC，一般见不到颗粒。实验表明，DFC 是 rDNA 合成 rRNA 并进行加工的区域，此外还发现该区存在特异性的结合蛋白。

3. 颗粒组分（granular component，GC）

颗粒组分由电子密度较高的核糖核蛋白颗粒组成，这些颗粒是正在加工、成熟的核糖体亚单位前体。在代谢活跃的细胞核仁中，颗粒组分是核仁的主要结构。

通常认为，纤维中心是 rRNA 基因的储存位点，转录主要发生在纤维中心与致密纤维组分的交界处，rRNA 前体的加工在致密纤维组分中进行，某些加工程序也发生在颗粒组分中，颗粒组分是核糖体亚单位成熟和储存位点。但现在关于 rRNA 基因转录的确切位点仍有不同看法。

二、核仁的功能

核仁是进行 rRNA 的合成、加工和核糖体亚单位装配的主要场所。

1. rRNA 基因的转录

染色体原位分子杂交实验表明，rRNA 基因（rDNA）定位于染色体的核仁组织区。真核生物核糖体含有 4 种 rRNA，即 5.8S rRNA、18S rRNA、28S rRNA 和 5S rRNA，其中前 3 种的基因组成一个转录单位，存在于核仁组织区。若核仁组织区缺失，则不能合成 rRNA 和形成核糖体。

已知在绝大多数的细胞中，均含有 rRNA 基因拷贝串联成的重复序列，成簇分布在少数染色体核仁组织区上。通过非洲爪蟾卵母细胞的实验发现，在处理后的电镜标本中 rRNA 在染色质轴丝上呈串联重复排列，沿转录方向，新生的 rRNA 链从 DNA 长轴两侧垂直伸展出来，并且从一端到另一端有规律地增长，形成箭头状结构，外形像"圣诞树"（图 6-21）。每个箭头状结构代表 rRNA 基因转录单位，在箭头状结构间存在着裸露的不被转录的 DNA 片段。

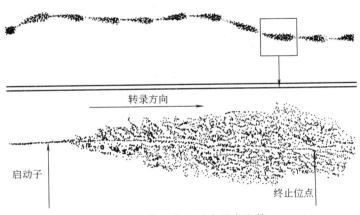

图 6-21 rRNA 的转录（引自翟中和等，2000）

上述成簇分布的串联重复排列的 rRNA 基因分布集中，一来增加了启动子的局部浓度，二来也使得专一性很强的 RNA 聚合酶 I 在一个转录单位连续运作，从而使 rRNA 基因的转录能够以受控的级联放大方式进行，转录合成更多的 rRNA 和储备大量的核蛋白体。

2. rRNA 前体的加工

每个 rRNA 基因转录单位在 RNA 聚合酶 I 的作用下转录产生原初转录产物 rRNA 前体，但是不同生物的 rRNA 前体在大小上是不同的。真核生物的 rRNA 加工过程比较缓慢，以哺乳动物为例，rRNA 前体 45S rRNA 约在几分钟内合成，并在核仁中迅速甲基化（实验表明，rRNA 前体的甲基化基团在加工过程中是必需的）。45S rRNA 15min 后分裂成小片段，如 41S rRNA、32S rRNA 和 20S rRNA 等中间产物，20S rRNA 很快裂解为 18S rRNA，被快速释放到细胞质中；32S rRNA 保留在核仁颗粒组分中并被剪切为 28S rRNA 和 5.8S rRNA。

由此可见，rRNA 前体的加工成熟过程也是它们在核仁中的区域性转移过程。即前体从 rDNA 上被转录后首先出现在致密纤维组分中，加工剪切后的中间产物相继出现在颗粒组分上。

3. 核糖体亚单位的装配

45S rRNA 前体被转录后很快与蛋白质结合，因此在细胞内 rRNA 前体的加工成熟过程不是以游离 rRNA 而是以核蛋白的方式进行的。实验表明，45S rRNA 前体首先与进入核仁的蛋白质结合形成 80S 的核糖核蛋白体（RNP）。在加工过程中，80S 的核糖核蛋白体逐渐失去一些 RNA 和蛋白质，剪切形成两种大小不同的核糖体亚单位前体，最后在核仁中形成大亚单位、小亚单位被输送到细胞质中。通过放射性脉冲标记和示踪实验观察到，首先成熟的核糖体小亚单位（含 18S rRNA）在核仁产生并出现在细胞质中，而核糖体大亚单位的装配时间长，完成较晚。所以在核仁中含有较多的未完全成熟的核糖体大亚单位，而那些加工下来的蛋白质和小的 RNA 分子仍留在核仁中，可能起着催化核糖体构建的作用（图 6-22）。

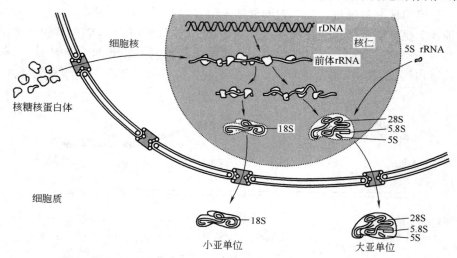

图 6-22　核糖体亚单位的装配（引自 Albert B. 等）

核仁除上述主要功能外，还可能参与 mRNA 的输出与降解过程。

第四节　核　基　质

一、核基质的形态

真核细胞的核内除了染色质、核膜、核仁、核纤层以外，还有一个以蛋白质、纤维为主要成分的网络状结构体系，这种网络状结构最早从大鼠肝细胞核中分离出来，命名为核基质。由于其形态与胞质骨架很相似，又称核骨架。

二、化学组成

核基质的组分大致如下：①非组蛋白性的纤维蛋白，其中相当一部分是含硫蛋白；②少量 RNA，在核基质结构之间起着联结和维系作用，是保持核基质三维结构必需的；③少量

DNA，可能是染色质结构中残余部分；④部分磷脂和碳水化合物。

三、核基质的功能

1. 核基质与转录

RNA 的转录同样需要 DNA 锚定在核基质上才能进行，核基质上有 RNA 聚合酶的结合位点，使之固定于核基质上，RNA 的合成是在核基质上进行的。新合成的 RNA 也结合在核基质上，并在这里进行加工和修饰。

2. 核基质与 DNA 合成

DNA 是以复制环的形式锚定在核基质上的，核基质上有 DNA 复制所需要的酶，如 DNA 聚合酶 α、DNA 引物酶、DNA 拓扑异构酶 II 等。DNA 的自主复制序列（ARS）也结合在核基质上。故超螺旋袢环成对地附着在核基质网架上，不仅是染色质的结构单位，也可能是功能单位。

3. 核基质与染色体构建

一般认为核基质与染色体骨架为同一类物质，30nm 的染色质纤维就结合在核基质上，形成放射环状的结构，在分裂期进一步包装成光学显微镜下可见的染色体。

近年来，核基质的研究取得了很大进展，但在许多方面，如核基质的生化功能、结构组分等均有待进一步研究。

思　考　题

1. 简述核孔复合物的结构和功能。
2. 简述通过核孔复合物的亲核蛋白的入核转运机制。
3. 组成染色质的组蛋白和非组蛋白各有何特性及功能？组蛋白有哪几种？
4. 试述核小体的结构。
5. 在间期核内如何区分常染色质和异染色质、结构异染色质和兼性异染色质？
6. 简述从 DNA 到染色体的包装过程。
7. 多线染色体和灯刷染色体在分布、结构和功能上各有何特征？
8. 简述核仁的超微结构及特征。

第七章 核 糖 体

【学习目标】
1. 了解核糖体的组成和类型。
2. 掌握核糖体的结构和功能。
3. 理解多聚核糖体的生物学意义。

核糖体是细胞最基本的细胞器，是合成蛋白质的场所。其唯一的功能是按照 mRNA 的指令由氨基酸高效且精确地合成多肽链。1953 年，Robinsin 和 Brown 用电镜观察植物细胞时发现了这种颗粒结构。随后，Palade 于 1955 年在动物细胞中也观察到类似的颗粒。1958 年 Robinsin 把这种颗粒命名为核糖核蛋白体，简称核蛋白体或核糖体（ribosome）。

核糖体几乎存在于一切细胞内，不论是原核细胞还是真核细胞，均含有大量的核糖体，而且在细胞核、线粒体和叶绿体中也含有核糖体。目前，仅发现在哺乳动物成熟的红细胞等极个别高度分化的细胞内没有核糖体。因此，核糖体是细胞不可缺少的重要结构。

近 20 多年来，由于细胞学和细胞化学的迅速发展，尤其是 1963 年使用差速离心法分离纯化核糖体以来，对核糖体的化学结构分析及其在合成蛋白质中的作用机制的研究取得了很大进展。

第一节　核糖体的类型及结构

一、核糖体的形态、数目与分布

核糖体呈不规则的颗粒状，其表面没有被膜包裹，直径为 15～30nm，平均直径约为 25nm（图 7-1）。

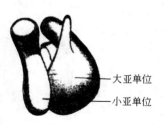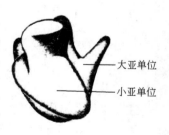

图 7-1　不同侧面观的核糖体（引自翟中和等，2000）

核糖体常分布在细胞内蛋白质合成旺盛的区域，其数量与蛋白质合成的程度有关。处在指数生长期的细菌中，每个细胞内大约有数以万计的核糖体，其含量可达细胞干重的 40％。而在培养的饥饿状态的细胞内，仅有几百个核糖体。一般情况下，原核细胞约有 16×10^3 个核糖体，真核细胞约有 1×10^6 个核糖体，蛋白质合成旺盛的细胞可以高达 1×10^{12} 个。

真核细胞细胞质内的核糖体一般以两种形式存在：一种游离在细胞质基质内，称游离核糖体；另一种附着于内质网的膜表面，称附着核糖体。原核细胞的核糖体除游离于细胞质基质外，还常附着于细胞膜内侧。附着核糖体与游离核糖体所合成的蛋白质种类不同，但核糖体的结构与化学组成是完全相同的，它们在细胞中所占数目的多少与细胞的类型、发育阶段及生理状态有关。在合成分泌蛋白的细胞，如胰腺细胞和浆细胞中，大多数核糖体附着在内质网膜上，肝细胞内 75% 的核糖体附着在内质网膜上，其余 25% 则游离于细胞质中。在迅速生长的胚胎细胞或肿瘤细胞内，大部分是游离核糖体，HeLa 细胞仅有 15% 的核糖体附着在内质网膜上。

二、核糖体的基本类型与成分

1. 核糖体的基本类型

根据核糖体在蔗糖密度梯度离心时沉降系数不同，将核糖体分为 70S 核糖体和 80S 核糖体两类。原核细胞核糖体的沉降系数为 70S，为 70S 核糖体，其相对分子质量为 25×10^5，真核细胞线粒体和叶绿体内的核糖体近似于 70S，也属于 70S 核糖体；真核细胞胞质中核糖体的沉降系数为 80S，为 80S 核糖体，相对分子质量为 42×10^5。

不论 70S 或 80S 的核糖体，均由大小不同的两个亚单位构成。体外实验表明 70S 的核糖体在 Mg^{2+} 浓度小于 1mmol/L 的溶液中，易离解为 50S 和 30S 的大亚单位和小亚单位，当溶液中 Mg^{2+} 浓度大于 10mmol/L 时，两个核糖体常形成 100S 的二聚体。80S 核糖体具有类似的特征，随着溶液中 Mg^{2+} 浓度的降低，80S 的核糖体可离解为 60S 和 40S 的大亚单位和小亚单位，当 Mg^{2+} 浓度增高时，80S 的核糖体又可形成 120S 的二聚体。

2. 核糖体的化学组成

核糖体的主要成分是蛋白质与 RNA。核糖体 RNA 称为 rRNA，蛋白质称 r 蛋白。r 蛋白分子主要分布在核糖体的表面，而 rRNA 则位于内部，二者靠非共价键结合在一起。在核糖体中 rRNA 约占 60%，蛋白质约占 40%。对核糖体的成分分析结果如表 7-1 所示，原核细胞 70S 的核糖体由 3 种 rRNA（即 16S rRNA、23S rRNA、5S rRNA）和 52 种蛋白质组成；真核细胞 80S 的核糖体由 4 种 rRNA（即 18S rRNA、28S rRNA、5.8S rRNA、5S rRNA）和 82 种蛋白质组成。

表 7-1 原核生物与真核生物核糖体成分的比较（引自 Lewin，1997）

核糖体	亚基	rRNA	r 蛋白
细菌 70S $M_r = 25 \times 10^5$ 66%RNA	50S	23S=2904 碱基 5S=120 碱基	31
	30S	16S=1542 碱基	21
哺乳动物 80S $M_r = 42 \times 10^5$ 60%RNA	60S	28S=4718 碱基 5.8S=160 碱基 5S=120 碱基	49
	40S	18S=1874 碱基	33

三、核糖体的结构

在电镜下，核糖体具有一定的三维结构（图 7-2）。对肝核糖体做负染色显示可知，大亚单位略呈半圆形，直径约 23nm，一侧有 3 个突起，分别称为中心突、柄和嵴，中央为一凹陷。小亚单位呈长条形，可分为头部、基部和平台三部分，平台于 1/3 长度处有一细的缢痕与头部分隔。大亚单位和小亚单位结合在一起时，凹陷部分相对，形成一隧道，在蛋白质合成时，mRNA 穿行在其中。核糖体可以保护 mRNA 上约 25 个核苷酸不受核酸酶的降解。此外，有人认为大亚单位上尚有一垂直于隧道的通道，在蛋白质合成时，新合成的多肽链中有 30～40 个氨基酸受到保护，不受蛋白质水解酶的分解（图 7-3）。

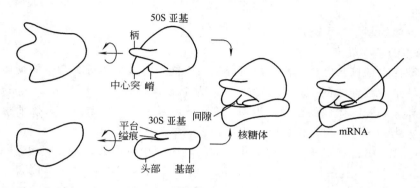

图 7-2 核糖体的立体结构（引自罗深秋，1998）

目前人们对大肠杆菌（*E. coli*）核糖体的研究发现，组成核糖体的 rRNA 和蛋白质分子是有一定的空间位置关系的。现已知核糖体中的 rRNA 分子在核糖体蛋白质之间折叠成一种固定的结构，组成核糖体的骨架，这种骨架决定了核糖体蛋白质的位置。核糖体中的蛋白质有的结合到 rRNA 上，共同参与建立核糖体结构；有的则对蛋白质的合成有催化活性，保证不同活性部位之间具有正确的关系。

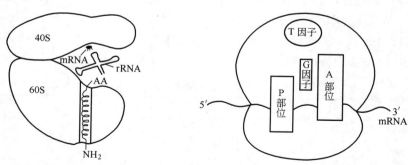

图 7-3 真核细胞核糖体剖面图   图 7-4 核糖体的 4 个功能活性部位

核糖体具有复杂的三维结构，含有与蛋白质合成密切相关的 4 个功能活性部位（图 7-4）：A 部位（A site），也叫氨基酸部位或受位，主要在大亚单位上，是接受氨基酰-tRNA 的部位；P 部位（P site），也叫肽基部位或放位，主要在小亚单位上，是肽基 tRNA 移交肽链后，tRNA 被释放的部位；肽基转移酶（peptidyl transferase）部位，简称 T 因子，位于大亚单位上，其作用是在肽链延长时，催化氨基酸间形成肽键；GTP 酶部位（GTPase site），简称 G 因子，是移位酶的存在部位，可水解 GTP，为肽酰基-tRNA 由 A 部位转移到 P 部位提供能量。此外，在核糖体上还有与蛋白质合成有关的其他功能区域和位点，如与

mRNA 结合的位点，起始因子、延伸因子以及终止因子的结合位点等。这些活性部位与 RNA(mRNA、tRNA、rRNA)、核苷酸（ATP、GTP）、酶和蛋白质辅助因子共同作用，完成蛋白质多肽链的合成。核糖体大亚单位和小亚单位在细胞内常游离于细胞质基质中，只有当小亚单位与 mRNA 结合后，大亚单位才与小亚单位结合形成完整的核糖体。肽链合成终止后，大亚单位和小亚单位解离，又游离存在于细胞质基质中。另外，核糖体在细胞内并不是单个独立地执行功能，而是由多个甚至几十个核糖体串联在一条 mRNA 分子上高效地进行肽链的合成。这种具有特殊功能与形态结构的核糖体与 mRNA 的聚合体称为多聚核糖体。因此，在细胞内蛋白质的合成是以多聚核糖体的形式进行的。

第二节 核糖体与蛋白质的生物合成

核糖体的功能是进行蛋白质的生物合成。当核糖体沿着 mRNA 分子移动时，就按 mRNA 上的遗传密码（核苷酸的排列顺序），将 tRNA 运来的各个氨基酸连接成多肽链。这种由 mRNA 分子中的核苷酸顺序转变为多肽链中氨基酸顺序的过程，称为翻译。人们把核糖体在蛋白质合成过程中所起的作用比喻为"装配机"或"加工厂"。

一、mRNA 与遗传密码

真核细胞的遗传信息蕴藏于 DNA 双链的核苷酸排列顺序中。通过转录（以 DNA 为模板合成 mRNA 的过程），遗传信息传递到 mRNA 分子中。mRNA 是由 4 种碱基（U、C、A、G）组合而成的核苷酸单链。mRNA 分子中 3 个相邻的核苷酸碱基组成一个三联体，特定的 3 个碱基顺序构成一个密码子，每个密码子决定相应的氨基酸，如 AAA 决定赖氨酸、GCU 决定丙氨酸。此外，还有一些密码子是起始密码子（AUG）和终止密码子（UAA、UAG、UGA），启动和终止肽链的合成。mRNA 分子中的所有密码子统称为遗传密码。生物体内的 20 种氨基酸均有对应的遗传密码，因此 mRNA 分子中核苷酸的排列顺序决定了多肽链中氨基酸的排列顺序，进而决定了蛋白质的种类。

二、tRNA 与氨基酸转运

由于 mRNA 的密码子不能直接识别氨基酸，所以氨基酸必须先与相应的 tRNA 结合形成氨基酰-tRNA，才能运到核糖体上。

tRNA 分子是由单链 RNA 折叠形成的类似于一种三叶草的叶形结构。在这个结构上与蛋白质合成关系最密切的有两个区域：一个是氨基酸臂区，它可以特异性地与氨基酸连接；另一个重要区域是与 mRNA 密码子互相配对的 3 个碱基即反密码子。tRNA 以反密码子来辨认 mRNA 的密码子，通过碱基互补形成氢键连接，将相应的氨基酸转运到核糖体上，进行蛋白质的合成。因此，某一特定的氨基酰-tRNA 能否进入核糖体，取决于氨基酰-tRNA 的反密码子与 mRNA 密码子是否互相识别（互相配对）。例如丙氨酸-tRNA 的反密码子为 CGC，就可以和 mRNA 上的 GCG 密码子相配，从而把丙氨酸带入核糖体进行蛋白质合成。

氨基酰-tRNA 的合成是在细胞质基质中进行的。在氨基酰-tRNA 合成酶的催化下，由 ATP 提供能量，细胞质中的氨基酸经 ATP 活化后，特异性地与 tRNA 的氨基酸臂区相结合，形成氨基酰-tRNA。氨基酰-tRNA 合成酶具有高度特异性，它既能识别特定的氨基酸，又能识别特定的 tRNA，从而将特定的氨基酸转移给特定的 tRNA。

由此可见，tRNA 一方面与细胞质中的氨基酸特异性地结合，另一方面通过反密码子与

mRNA 密码子互相识别，将所结合的氨基酸转运到核糖体的特定位置，进行蛋白质的合成。因此 tRNA 是按密码子转运氨基酸的工具。

三、蛋白质的生物合成过程

蛋白质生物合成的机理十分复杂，整个过程涉及 3 种 RNA（mRNA、tRNA、rRNA）、2 种核苷酸（ATP、GTP）及一系列酶和蛋白质辅助因子。几年前，对它的认识只限于原核细胞的蛋白质合成，但近几年来，对真核细胞蛋白质合成过程也有了较多的了解。下面以原核细胞为例来说明蛋白质的生物合成过程。

1. 肽链合成的开始

肽链合成的启动首先是在起始因子（initiation factor，IF）和 GTP 的作用下，核糖体 30S 小亚基与 mRNA 的起始密码子 AUG 的所在部位结合，紧接着，第一个氨基酰-tRNA 即甲酰甲硫氨基酰（fMet）-tRNA 也结合上去，形成 30S 起始复合体，然后大亚基再与小亚基结合，形成 70S 起始复合体［图 7-5（a）］。在 70S 起始复合体上，甲酰甲硫氨基酰-tRNA 上的反密码子与 mRNA 上的起始密码子 AUG 互补配对，且恰好结合在核糖体的 P 部位上。此时，空着的 A 部位准备接受下一个氨基酰-tRNA。起始复合体正如一台启动的蛋白质合成机器，开始合成蛋白质。

2. 肽链的延长

肽链合成的延长是在起始复合体的基础上，经过氨基酰-tRNA 入位识别密码子、多肽链形成及核糖体移位等过程，使氨基酸依次通过肽键缩合至应有长度的多肽链。

首先按 mRNA 所暴露的密码子决定相应的氨基酰-tRNA 进入 A 部位，在肽基转移酶和延长因子（elongation factor，EF）作用下，P 部位上的氨基酸与 A 部位上的氨基酸之间形成肽键，于是 P 部位上 tRNA 空载。随后，由移位酶水解 GTP 为定向移动提供动力，核糖体沿 mRNA 由 $5'→3'$ 向前移动一个密码子。P 部位上空载的 tRNA 被释放，A 部位上新的肽基-tRNA 移到 P 部位上，于是 A 部位又空出，可接纳下一个氨基酰-tRNA［图 7-5（b）］。如此循环往复使多肽链不断延长。这样，新生的多肽链上氨基酸的种类和排列顺序完全是由 mRNA 分子携带的遗传密码所决定的。

3. 肽链合成的终止与释放

当核糖体沿 mRNA 移动而使 mRNA 的终止密码子（UAA、UGA、UAG）中的任何一个出现在 A 部位时，由于它不能被任何氨基酰-tRNA 的反密码子识别，于是肽链合成终止。

核糖体上有终止因子或释放因子（releasing factor，RF），能识别这些终止密码子，当其在 A 部位上与终止密码子结合后，也能激活肽基转移酶，使肽酰基-tRNA 之间的酯键被水解而切断，于是多肽链便从核糖体及 tRNA 上释放出来。此时的核糖体也与mRNA分离，并解离为大小两个亚基，可重新投入另一次肽链的合成过程。

应该指出，上述仅仅是介绍在单个核糖体上的蛋白质合成过程。事实上，细胞内蛋白质的生物合成是由多聚核糖体合成的。当一个个核糖体先后从同一个 mRNA 的起始密码子开始移动，一直到终止密码子时，每个核糖体可独立合成一条多肽链，所以这种多聚核糖体可以在一条 mRNA 链上同时合成多条相同的多肽链，这就大大提高了蛋白质合成的效率。

在游离核糖体上合成的蛋白质是细胞内可溶性蛋白质，如细胞内代谢所需的酶、组蛋白、肌球蛋白及核糖体蛋白等。在附着核糖体上合成的蛋白质是分泌蛋白（如免疫球蛋白、蛋白类激素等）、膜蛋白、溶酶体蛋白等。新合成的肽链从核糖体上脱落以后，还必须经过一定的加工、修饰以及多肽链有机组合等过程，才能形成具有一定空间结构的蛋白质分子。

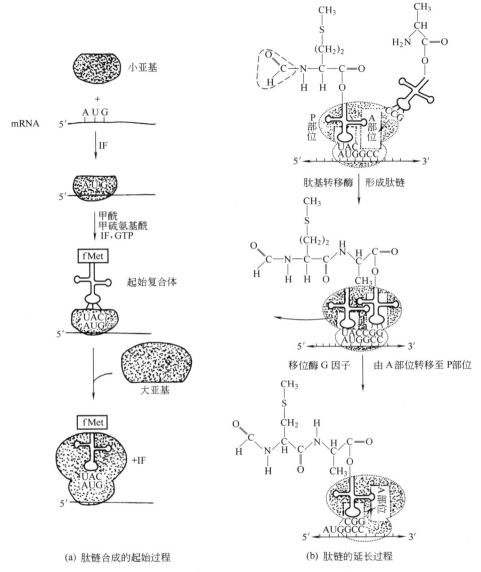

(a) 肽链合成的起始过程　　　　　　　(b) 肽链的延长过程

图 7-5　核糖体上多肽链的合成过程（引自罗深秋，1998）

思 考 题

1. 以 80S 核糖体为例，说明核糖体的结构成分及其功能。

2. 核糖体上有哪些活性部位？它们在多肽合成中各起什么作用？

3. 何为多聚核糖体？其行使功能的生物学意义是什么？

4. 蛋白质的生物合成过程中需要哪些生物大分子的参加？它们的作用是什么？

第八章　细胞骨架

【学习目标】

【学习目标】
　　1. 掌握细胞骨架的含义，了解细胞骨架的主要作用。
　　2. 掌握红细胞的生物学特性及膜骨架的化学组成。
　　3. 了解细胞质骨架的类型及功能，理解它们的装配机理。
　　4. 掌握核骨架的概念及组成，了解其存在类型及功能。

　　细胞骨架（cytoskeleton）是指真核细胞中的蛋白质纤维网架结构体系（图 8-1）。细胞骨架普遍存在于各类真核细胞中，最初人们认为细胞质中的基质是均质而无结构的，但许多生命现象如细胞运动等又无从解释。1928 年，Klotzoff 提出了细胞骨架的概念，到 1963 年，采用戊二醛常温固定法，在细胞中发现微管后才逐渐认识到细胞骨架的存在。

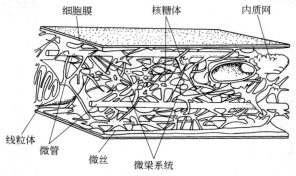

图 8-1　细胞骨架的立体模式图

　　细胞骨架不仅在维持细胞形态、承受外力、保持细胞内部结构的有序性方面起重要作用，而且还参与细胞分裂（牵引染色体分离）、物质运输（各类小泡和细胞器可沿着细胞骨架定向转运）、白细胞迁移、精子游动等许多重要的生命活动。另外，在植物细胞中细胞骨架指导细胞壁的合成。

　　随着免疫荧光技术、各种电镜技术和体外装配技术的应用，细胞骨架的概念也在不断地发展之中。细胞骨架的研究使人们对细胞的结构和功能有了新的认识。狭义的细胞骨架是指细胞质骨架，即微管、微丝和中间纤维；广义的细胞骨架包括细胞膜骨架、细胞质骨架和细胞核骨架等。

第一节　细胞膜骨架

　　细胞膜骨架指质膜下与膜蛋白相连的由纤维蛋白组成的网架结构，它参与维持质膜的形状并协助质膜完成多种生理功能。膜骨架位于细胞质膜下约 $0.2\mu m$ 厚的溶胶层。随着电镜技术的发展，人们逐渐认识到膜下溶胶层含有丰富的细胞骨架纤维如微管、微丝等，并通过膜骨架与细胞质膜相连。对膜骨架研究最多的是哺乳动物的红细胞。

一、红细胞的生物学特性

1. 红细胞的形态结构

成熟的红细胞呈双面凹陷或单面凹陷的盘状结构（图 8-2），直径为 $7.5\sim8.3\mu m$，厚度 $1.7\mu m$，体积 $8.3\mu m^3$，表面积为 $14.5\mu m^2$，表面积与体积的比值较大，有利于细胞变形、气体交换和携带。

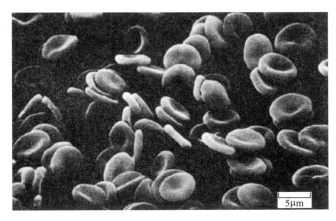

图 8-2　电子显微镜下的红细胞（引自王金发，2003）

由于红细胞数量大，取材容易（体内的血库），极少有其他类型的细胞污染，而且成熟的哺乳动物的红细胞中没有细胞核和线粒体等膜相细胞器，细胞膜是它的唯一膜结构，所以易于提纯和分离。将红细胞分离后放入低渗溶液中，水很快渗入到细胞内部，使红细胞膨胀、破裂，从而释放出血红蛋白（红细胞中唯一一种非膜蛋白），此时的红细胞就变成了没有内容物的空壳。由于红细胞膜具有很强的变形性、柔韧性和可塑性，当红细胞的内容物渗漏之后，它的膜可以重新封闭起来（图 8-3），仍然保持原来的形状和大小，此时的红细胞被称为血影（ghost）。因此红细胞为研究质膜的结构及膜骨架提供了理想的材料。

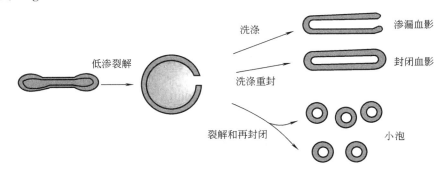

图 8-3　红细胞血影及小泡的形成（引自王金发，2003）

2. 红细胞的功能

红细胞的主要功能是把 O_2 运送到体内各组织，同时把细胞代谢产生的 CO_2 运送到肺部。红细胞对 O_2 和 CO_2 的运输与膜的性质有关。氧是一种小分子，它能够自由扩散通过红细胞膜进入红细胞内，并与血红蛋白结合，红细胞膜的这种性质使得红细胞能够从肺部摄取氧。由于 CO_2 气体难溶于水，进入红细胞后就难以溶解到红细胞的细胞质中。这要依赖于红细胞质中的碳酸酐酶，它可将 CO_2 转变成水溶性的 HCO_3^-。水溶性的碳酸氢根阴离子通过红细胞膜中的带 3 蛋白，同 Cl^- 进行交换排出红细胞，所以将带 3 蛋白称为阴离子交换蛋白。

这就需要红细胞的质膜具有良好的弹性和较高的强度，而这些特性则是由膜骨架赋予的。

二、红细胞质膜蛋白与膜骨架

研究发现，红细胞质膜的内侧有一种特殊的结构，是由膜蛋白和纤维蛋白组成的网架，它参与维持细胞质膜的形状并协助质膜完成多种生理功能。

根据十二烷基硫酸钠（SDS)-聚丙烯酰胺凝胶电泳（PAGE）分析（图 8-4），血影的蛋白质成分包括：血影蛋白、锚定蛋白、带 3 蛋白、带 4.1 蛋白、血型糖蛋白等。

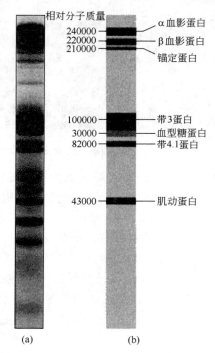

图 8-4　人红细胞膜蛋白 SDS-聚丙烯酰胺凝胶
电泳分析（引自王金发，2003）
（a）考马斯亮蓝染色的谱带；（b）凝胶上主要蛋白质的位置

改变处理血影的离子强度，则肌动蛋白带和血影蛋白带消失，表明这两种蛋白质比较容易除去，是膜外周蛋白，观察发现此时的血影形状不规则，膜蛋白的流动性增强，说明这两种蛋白质与维持膜的形状和固定其他膜蛋白的位置有关。用去垢剂处理血影，带 3 蛋白及部分血型糖蛋白消失，血影形状不变，表明带 3 蛋白及血型糖蛋白是整合膜蛋白。

【相关链接】　血影的蛋白质成分

1. 血影蛋白

又称收缩蛋白，是红细胞膜骨架的主要成分，但不是红细胞膜蛋白的成分，约占膜提取蛋白质的30%。由结构相似的 α 链、β 链组成一个异二聚体，两个二聚体头与头相连接形成一个四聚体。

2. 锚定蛋白

又称 2.1 蛋白。锚定蛋白是一种比较大的细胞内连接蛋白，锚定蛋白一方面与血影蛋白相连，另一方面与跨膜的带 3 蛋白的细胞质结构域部分相连，这样锚定蛋白借助于带 3 蛋白将血影蛋白连接到细胞膜上，也就将骨架固定到质膜上。

3. 带 4.1 蛋白

是由两个亚基组成的球形蛋白，通过同血影蛋白结合，促使血影蛋白同肌动蛋白结合。

4. 带 3 蛋白

与血型糖蛋白一样都是红细胞的膜蛋白，因其在聚丙烯酰胺凝胶电泳（PAGE）分析时位于第 3 条带而得名。具有阴离子转运功能，所以带 3 蛋白又被称为"阴离子通道"。

5. 血型糖蛋白

又称涎糖蛋白（sialo glycoprotein），富含唾液酸。由于在它的唾液酸中含有大量负电荷，防止了红细胞在循环过程中经过狭小血管时相互聚集沉积在血管中。

质膜蛋白和膜骨架复合体相互作用使红细胞膜呈现一定的刚性和韧性，在红细胞中还存在着少量的短纤维状的肌球蛋白纤维，与维持红细胞的形态有关。

三、膜骨架存在的普遍性

除红细胞外，已发现在其他细胞中也存在与锚定蛋白、血影蛋白及带 4.1 蛋白类似的蛋白质，也存在膜骨架结构，由于具有较发达的胞质骨架体系，使细胞膜的功能变得更为复杂。

第二节　细胞质骨架

一、微丝

微丝（microfilament，MF）又称肌动蛋白纤维，是指真核细胞中由肌动蛋白组成、直径为 7nm 的实心纤维（图 8-5、图 8-6）。

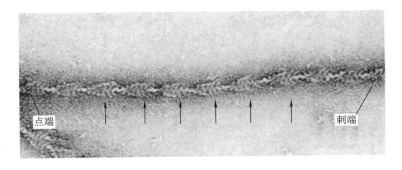

图 8-5　微丝纤维的负染电镜照片（引自 Heuser J.）

图 8-6　微丝纤维的结构模型（引自 Albert B.）

1. 组成成分

肌动蛋白是微丝的结构成分，相对分子质量为 43000，具有三种异构体，即 α-肌动蛋白、β-肌动蛋白和 γ-肌动蛋白。α-肌动蛋白分布于各种肌肉细胞中，β-肌动蛋白和 γ-肌动蛋白分布于肌细胞和非肌细胞中。

肌动蛋白存在于所有真核细胞中，在进化上高度保守，不同来源的肌动蛋白其氨基酸顺序差别甚微。如不同类型肌肉细胞的 α-肌动蛋白分子一级结构（约 400 个氨基酸残基）仅相差 4～6 个氨基酸残基，β-肌动蛋白或 γ-肌动蛋白与 α-横纹肌肌动蛋白相差约 25 个氨基酸残基。

2. 装配

（1）微丝的组装 微丝是由球形肌动蛋白（G-actin）单体形成的多聚体，是由肌动蛋白单体链螺旋盘绕所形成的纤维，因此微丝亦称纤维形肌动蛋白（F-actin）。由于肌动蛋白单体具有极性，F-肌动蛋白装配时头尾相接，故微丝具有极性。

一般在含有 ATP 和 Ca^{2+} 以及较低浓度的 Na^+、K^+ 等阳离子溶液中，微丝趋于解聚成 G-肌动蛋白；而在 Mg^{2+} 和高浓度的 Na^+、K^+ 溶液诱导下，G-肌动蛋白则装配为 F-肌动蛋白，新的 G-肌动蛋白加到微丝末端，使微丝延伸。G-肌动蛋白可以加到微丝两端，聚合快的一端为正极，另一端为负极。

一个 G-肌动蛋白分子可结合一个 ATP 分子，结合 ATP 的肌动蛋白对纤维末端的亲和力强，当 ATP 肌动蛋白结合到纤维末端时，肌动蛋白的构象改变，ATP 水解为 ADP 和磷酸（Pi）。然而 ADP 肌动蛋白对纤维末端的亲和力弱，容易脱落，从而使纤维缩短。ADP 肌动蛋白从纤维末端解聚脱落后，其中的 ADP 可被 ATP 置换重新形成 ATP 肌动蛋白参加聚合。

从上面可以看出，在肌动蛋白溶液中，微丝可以表现为一端因亚单位增加而延长，另一端因亚单位脱落而缩短，在一定的肌动蛋白浓度下，F-肌动蛋白正极聚合的速度与负极解聚的速度相等，使 F-肌动蛋白处于平衡状态，其纤维长度不变，新聚合上的肌动蛋白单体从正极向负极做踏车式移动，这种现象称为踏车行为（图 8-7）。

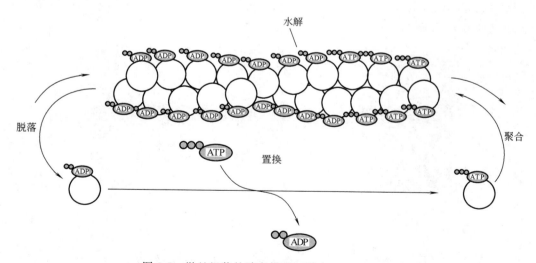

图 8-7 微丝组装的踏车模型（引自 Albert B.）

实际上，在大多数非肌肉细胞中，微丝是一种动态结构，持续进行组装和解聚，并与细胞形态维持及细胞运动有关。体内肌动蛋白的装配在两个水平上进行调节：①游离肌动蛋白单体的浓度；②微丝横向连接成束或成网的程度。细胞内许多微丝结合蛋白参与调节肌动蛋白的组装。

（2）微丝结合蛋白　细胞中不同的微丝可以含有不同的微丝结合蛋白，形成独特的结构或执行特定的功能。

① 肌球蛋白　肌球蛋白一般由两条分子量较大的多肽链（重链）和两条分子量较小的多肽链（轻链）组成，包括头部和杆部两个区（图 8-8）。杆部由部分重链构成，结构为双股 α 螺旋。头部由部分重链和轻链构成，其上有肌动蛋白的结合位点和 ATP 的结合位点，具 ATP 酶活力，构成粗丝的横桥，是与肌动蛋白分子结合的部位。通过分子间杆部的侧向结合，肌球蛋白分子可聚合成两极纤维，此时肌球蛋白的头部构成纤维的侧向突起，并指向纤维两极（图 8-9）。肌球蛋白的主要功能是参与肌丝滑动。

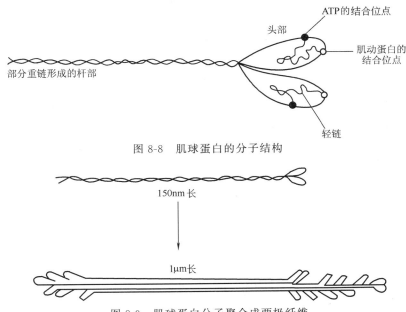

图 8-8　肌球蛋白的分子结构

图 8-9　肌球蛋白分子聚合成两极纤维

② 原肌球蛋白　位于肌动蛋白螺旋沟内，原肌球蛋白结合于细丝，调节肌动蛋白与肌球蛋白头部的结合。

③ 肌钙蛋白　含 3 个亚基，肌钙蛋白 C 与 Ca^{2+} 特异结合；肌钙蛋白 T 与原肌球蛋白有高度亲和力；肌钙蛋白 I 抑制肌球蛋白 ATP 酶的活性。细肌丝中每隔 40nm 有一个肌钙蛋白复合体结合到原肌球蛋白上（图 8-10）。

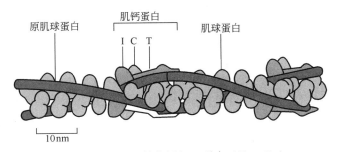

图 8-10　细肌丝结构图解（引自 Albert B.）

非肌肉细胞中也存在肌球蛋白、原肌球蛋白等，但尚未发现肌钙蛋白。现已分离鉴定了多种微丝结合蛋白见表 8-1。

表 8-1　主要的微丝结合蛋白

分　类	微丝结合蛋白	功　　　能
与收缩有关	肌球蛋白	头部与微丝接触,使微丝运动
	原肌球蛋白	结合于肌肉细胞上,可调节肌动蛋白与肌球蛋白头部的结合
与结构有关	纽蛋白	将微丝束固定在质膜上,属于锚定蛋白
	细丝蛋白	将微丝连成网状,属于凝胶化蛋白
与聚合有关	绒毛蛋白	低 Ca^{2+} 可促进形成微丝组装中心
	封端蛋白	结合于微丝末端,可阻止 G-肌动蛋白在该处的聚合或脱落

（3）微丝特异性药物　细胞松弛素是真菌的一种代谢产物，可以切断微丝，并结合在微丝末端阻抑肌动蛋白聚合，因而可以破坏微丝的三维网络。

鬼笔环肽与微丝有较强的亲和作用，能稳定肌动蛋白纤维，且只与 F-肌动蛋白结合，而不与 G-肌动蛋白结合，可促进微丝的聚合。

3. 微丝的功能

微丝具有多方面的功能：①构成细胞的支架，维持细胞的形态，如血管内皮细胞、成纤维细胞、软骨细胞等胞质内微丝主要担负支架作用；②参与细胞运动，如有丝分裂时染色体的运动、肌肉收缩、胞质分裂、细胞移动、细胞质运动；③参与细胞内运输、细胞分泌活动。下面介绍微丝的运动功能。

（1）肌肉收缩　骨骼肌细胞的收缩单位是肌原纤维（myofibrils），肌原纤维由粗肌丝和细肌丝组装形成，粗肌丝的成分是肌球蛋白，细肌丝的主要成分是肌动蛋白，辅以原肌球蛋白和肌钙蛋白。肌节基本结构见图 8-11。

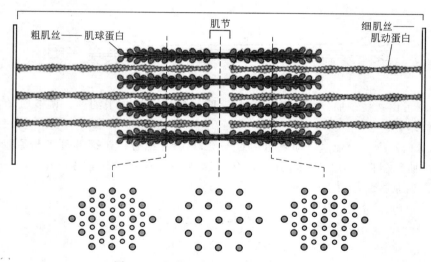

图 8-11　肌节基本结构（引自 Albert B.）

肌肉细胞的收缩是由全部肌节同时缩短引起的，目前有足够的证据支持肌肉收缩的滑动学说。此学说认为，肌肉收缩是粗肌丝和细肌丝之间相互滑动的结果（图 8-12）。

肌肉收缩机制有如下几点。①肌球蛋白头部和肌动蛋白细丝结合。②肌球蛋白头部结合 1 分子 ATP，结合位点构象改变，使肌球蛋白头部与肌动蛋白亲和力减小。③ATP 水解成 ADP 和 Pi，构象变化，肌球蛋白头部沿肌动蛋白发生移位。④Pi 的释放使肌球蛋白头部与下一个肌动蛋白位点牢固结合。⑤肌球蛋白头部沿肌动蛋白细丝反复地、周期性地附着和去

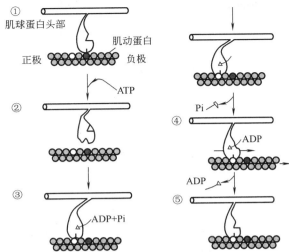

图 8-12　肌球蛋白分子沿肌动蛋白细丝滑动的周期性
变化（引自 Albert B.）

附着。⑥肌球蛋白头部拉动肌动蛋白细丝，引起它顺着粗丝滑动，肌节缩短，肌肉收缩。⑦一次收缩完成后，肌球蛋白头部完全同肌动蛋白细丝脱离，肌肉松弛。

（2）细胞运动　细胞质膜下有一层富含肌动蛋白细丝的区域称细胞皮质层。这一纤维网络可以为细胞膜提供强度和韧性，维持细胞形状。在体外条件下，向肌动蛋白溶液加入一定的细丝蛋白，可使肌动蛋白溶液从溶胶态变为凝胶态。细胞的各种运动，如胞质环流、变皱膜运动及吞噬都与肌动蛋白的溶胶和凝胶状态及其相互转化有关（图 8-13）。

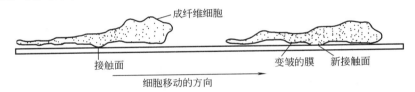

图 8-13　进行变皱膜运动的成纤维细胞的纵切面

（3）胞质分裂环　有丝分裂末期，两个即将分裂的子细胞之间产生一个收缩环（图 8-14）。实验表明，收缩环由大量反向平行排列的微丝组成。随着收缩环的收缩，两个子细胞分开。胞质分裂后，收缩环即消失。收缩环是非肌肉细胞中具有收缩功能的微丝束的典型代表，从而使微丝在很短的时间内能迅速装配与去装配以完成细胞功能。其收缩机制亦是肌动蛋白和肌球蛋白的相对滑动。

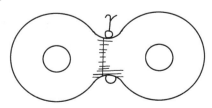

图 8-14　动物有丝分裂时形成的收缩环

（4）微绒毛　肠上皮细胞微绒毛的轴心微丝是非肌肉细胞中高度有序微丝束的代表，微丝呈同向平行排列，微丝束下端终止于端网结构。微绒毛中心的微丝束起维持微绒毛形状的作用，其中不含肌球蛋白、原肌球蛋白和α-辅肌动蛋白，因而无收缩功能。微丝结合蛋白如绒毛蛋白、毛缘蛋白等在微丝束的形成、维持及与微绒毛细胞膜连接中发挥着重要作用。

（5）应力纤维　是真核细胞中广泛存在的微丝束结构。由大量平行排列的微丝组成，其成分为肌动蛋白、肌球蛋白、原肌球蛋白和α-辅肌动蛋白，其组织形式与肌原纤维相似，在细胞质中具有收缩功能。应力纤维与细胞间或细胞与基质表面的附着有密切关系。

二、微管

微管（microtubule）是存在于所有真核细胞中由微管蛋白组装成的长而挺直的管状细胞器结构。细胞内微管呈网状或束状分布，并能与其他蛋白质共同组装成纺锤体、基粒、中心粒、鞭毛、纤毛、轴突、神经管等结构，参与细胞形态的维持、细胞运动和细胞分裂。

1. 形态结构

微管是由微管蛋白二聚体组装成的长管状细胞器结构，平均外径为24nm，内径15nm，在横切面上，微管呈中空状，微管壁由13根原纤维排列构成（图8-15）。微管可装配成单管、二联管（纤毛和鞭毛中）、三联管（中心粒和基体中）。

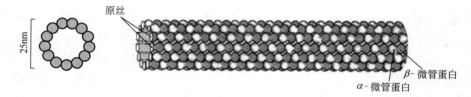

图 8-15 微管的结构模式图（引自 Aebi U.）

【相关链接】 微管的类型

大部分细胞质微管是单管，它在低温、Ca^{2+}和秋水仙素作用下容易解聚，属于不稳定微管。绝大多数单管是由13根原纤维组成的一个管状结构，在极少数情况下，也有由11根或15根原纤维组成的微管，如线虫神经节微管就是由11根或15根原纤维组成。二联管主要构成纤毛鞭毛的周围小管，是运动类型的微管，常见于特化的细胞结构内。组成二联管的单管分别称为A管和B管，其中A管是由13根原纤维组成，B管是由10根原纤维组成，所以二联管是由两个单管融合而成的，一个二联管只有23根原纤维，它对低温、Ca^{2+}和秋水仙素的作用都比较稳定。组成中心粒的微管是三联管，由A、B、C三个单管组成，A管由13根原纤维组成，B管和C管都是10根原纤维，所以一个三联管共有33根原纤维。三联管对低温、Ca^{2+}和秋水仙素的作用是稳定的。细胞内还存在一些微管附属结构，如纤毛或鞭毛中的动力蛋白臂等。

2. 组成

微管蛋白是由两种类型的微管蛋白亚基，即α-微管蛋白和β-微管蛋白组成的异二聚体，是微管装配的基本单位。微管蛋白分子在生物进化上可能是最稳定的蛋白质分子之一。除极少数例外（如人的红细胞），微管几乎存在于所有真核细胞质中，原核生物中没有微管。

3. 装配

微管在条件合适的情况下，也能进行自我装配，即由二聚体组装成多聚体的过程称为聚合，相反由多聚体解离成二聚体的过程称为解聚，聚合和解聚是相互动态平衡的过程。

（1）组装　所有微管由相似的蛋白亚基装配而成。首先，α-微管蛋白和β-微管蛋白形成长度为8nm的αβ二聚体，αβ二聚体先形成环状核心，经过侧面增加二聚体而扩展为螺旋带，$\alpha\beta$ 二聚体平行于长轴重复排列形成原纤维。当螺旋带加宽至 13 根原纤维时，即合拢形成一段微管。

所有的微管都有确定的极性。微管的两个末端在结构上不是等同的，细胞内所有由微管构成的亚细胞结构也是有极性的。微管的延长主要依靠在正极组装 GTP-微管蛋白，然后 GTP 水解为 GDP 或 GTP 与微管蛋白分离。在一定条件下，微管一端发生装配使微管延长，而另一端发生去装配而使微管缩短，称为踏车现象。

影响微管体外装配的条件有微管蛋白浓度、pH、离子（Ca^{2+} 应尽可能除去，Mg^{2+} 为装配所必需）和温度（37℃微管蛋白二聚体装配成微管，0℃微管解聚为二聚体）（图 8-16）。

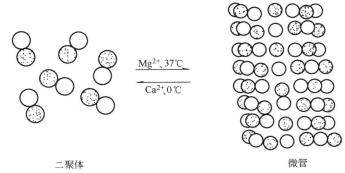

二聚体　　　　　　　　　　　　　　　　　　　微管

图 8-16　体外微管的解聚与聚合

（2）微管结合蛋白　有几种与微管密切相关的蛋白质，附着于微管多聚体上，参与微管的组装并增加微管的稳定性。在实验条件下，微管蛋白可以在去除这些蛋白质的情况下组装。因此这些蛋白质称为微管结合蛋白。所有不同的微管结构均由相同的 α-微管蛋白和 β-微管蛋白亚单位组成，其结构与功能的差异可能取决于所含微管结合蛋白的不同。

（3）微管特异性药物　秋水仙素是最重要的微管工具药物，用低浓度的秋水仙素处理活细胞，可立即破坏纺锤体结构，秋水仙素不像 Ca^{2+}、高压和低温等因素那样直接破坏微管，而是阻断微管蛋白组装成微管。紫杉酚能促进微管的装配，并使已形成的微管稳定。

4. 功能

（1）维持细胞形态　用秋水仙素处理细胞破坏微管，导致细胞变圆，说明微管对维持细胞的不对称形状是重要的。对细胞突起部分，如纤毛、鞭毛、轴突的形成和维持，微管也起到了关键的作用。

（2）鞭毛和纤毛运动　鞭毛和纤毛是细胞表面的特化结构，具有运动功能。

① 鞭毛和纤毛的结构　鞭毛和纤毛的结构基本相同。纤毛轴心含有一束"9+2"排列的平行微管（图 8-17），"9+2"排列是几乎所有真核细胞鞭毛和纤毛共同的结构特征。中央微管均为完全微管，外围二联体微管由 A、B 亚纤维组成，A 亚纤维为完全微管，由 13 个球形亚基环绕而成，B 亚纤维仅由 11 个亚基构成。

轴心的主要蛋白质结构如下。a. 微管蛋白二聚体，二联体中的微管蛋白二聚体无秋水仙素结合部位。b. 动力蛋白臂，由二联体微管伸出，同相邻二联体微管相互作用使鞭毛、纤毛弯曲。组成它们的动力蛋白是一种 ATP 酶，能为 Ca^{2+}、Mg^{2+} 所激活，是使鞭毛、纤毛产生运动的关键蛋白质。c. 微管连丝蛋白，将相邻二联体微管结合在一起。d. 放射辐条，由 9 条外围二联体微管伸向中央微管（图 8-18）。

② 鞭毛和纤毛运动机制　滑动机制认为纤毛运动是由相邻二联体间相互滑动所致（图

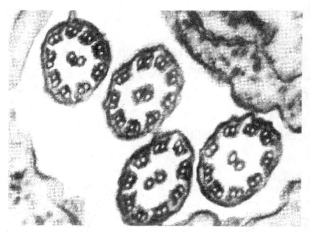

图 8-17　文昌鱼精子尾部微管电镜照片（引自 Albert B.）

（周围 9 组二联体微管，中央一对中央微管）

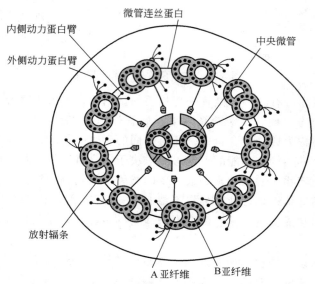

图 8-18　鞭毛轴丝结构示意图（引自 Albert B.）

8-19）。a. 动力蛋白头部与相邻 B 亚纤维的接触促使动力蛋白结合的 ATP 水解产物释放，同时造成头部角度的改变；b. 新的 ATP 结合使动力蛋白头部与相邻 B 亚纤维脱开；c. ATP 水解释放的能量使头部的角度复原；d. 带有水解产物的动力蛋白头部与相邻 B 亚纤维上另一位点结合，开始又一次循环。

　　通常鞭毛的运动表现为波动或者摆动，即鞭毛发生了弯曲运动。弯曲运动是由滑动运动转化而来，只是二联体微管间存在着微管连丝蛋白，使微管彼此束缚在了一起，从而使自由微管间的平行滑动变为鞭毛的弯曲运动（图 8-20）。

　　（3）细胞内运输　真核细胞内部是高度区域化的体系，细胞中物质的合成部位和功能部位往往是不同的，必须经过细胞内运输过程。许多两栖类的皮肤和鱼类的鳞片中含有特化的色素细胞，在神经肌肉控制下，这些细胞中的色素颗粒可在数秒钟内迅速分布到细胞各处，从而使皮肤颜色变黑；又能很快运回细胞中心，而使皮肤颜色变浅，以适应环境的变化。实

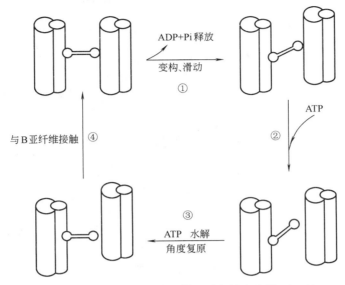

图 8-19　纤毛运动的滑动机制（引自刘凌云等，2002）

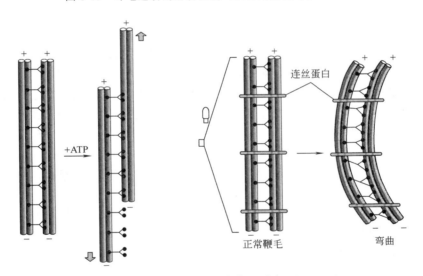

图 8-20　动力蛋白引起鞭毛弯曲（引自 Albert B.）

验表明，色素颗粒的运输是微管依赖性的，色素颗粒实际上是沿微管而转运的。这也充分说明了细胞骨架尤其是微管在胞内转运中起关键性作用。

三、中间纤维

20 世纪 60 年代中期，在哺乳动物细胞中发现 10nm 纤维，因其直径介于肌粗丝和细丝之间，故命名为中间纤维（又称中间丝，intermediate filament，IF）（图 8-21）。也可以说中间纤维是一类结构上相似而组成上不同、坚韧而柔软的蛋白质纤维，是细胞中最稳定、最不容易溶解的成分。

1. 化学成分及分子结构

中间纤维的成分比微丝和微管复杂，中间纤维的分布具有严格的组织特异性。按其组织来源及免疫原性可分为 5 大类。

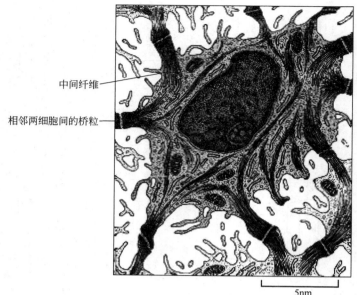

中间纤维 ——

相邻两细胞间的桥粒 ——

5nm

图 8-21　中间纤维电镜照片（引自 Albert B.）

　　（1）角质蛋白纤维　只在上皮细胞或外胚层起源的细胞中表达。
　　（2）波形纤维蛋白　在间质细胞和中胚层起源的细胞中表达，分布较为广泛。
　　（3）结蛋白纤维　在成熟的肌肉细胞中表达，也在少数其他细胞中发现，含有结蛋白。
　　（4）胶质蛋白纤维　只在中枢系统的胶质细胞中表达。
　　（5）神经蛋白纤维　在中枢相外周神经系统细胞中表达，包括分子量大小不同的蛋白质，蛋白质分子的大小与来源有关。
　　2. 装配
　　中间纤维蛋白组装为中间纤维的过程如图 8-22 所示，中间纤维蛋白的杆部组装为中间纤维的主干。
　　中间纤维的亚单位是一种由一个 N 端的头、一个 C 端的尾和中央杆状区组成的纤维蛋白。首先，两个相邻亚单位以其杆状区相互缠绕形成双股超螺旋，即二聚体。然后两个二聚体以非共价键的形式结合形成四聚体。最后四聚体以端对端和侧对侧的方式非共价结合形成绳索状的中间纤维。
　　中间纤维在装配中遵从半分子长度交错的原则，在四聚体中两个相邻的超螺旋中的 α 螺旋是反向平行排列的。因此从整体上看，中间纤维是没有极性的。
　　3. 功能
　　对于中间纤维的功能目前了解得较少，通过荧光显微镜和电镜的形态观察，一般认为中间纤维在细胞生命活动中极为重要，其主要功能如下。
　　①当用盐或消化剂处理时，大部分微管和微丝被消化，而中间纤维仍连接在核膜上。因此，中间纤维可能对细胞核有固定作用。②中间纤维可能与微管和微丝共同在细胞内发挥运输作用。③细胞分裂时，中间纤维对纺锤体与染色体起空间定向支架作用，并负责子细胞中细胞器的分配与定位。④在细胞癌变中发挥一定作用。⑤中间纤维蛋白可能与 DNA 的复制与转录有关。
　　由于中间纤维的分布具有严格的组织特异性，且较稳定，当正常组织发生恶性增生时，

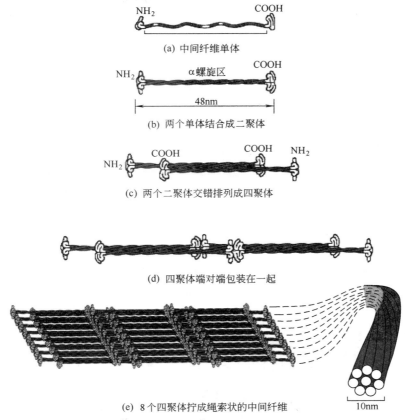

(a) 中间纤维单体

(b) 两个单体结合成二聚体

(c) 两个二聚体交错排列成四聚体

(d) 四聚体端对端包装在一起

(e) 8 个四聚体拧成绳索状的中间纤维

图 8-22 中间纤维的装配示意图（引自 Albert B.）

中间纤维不改变，即肿瘤细胞一般仍保持原来细胞的中间纤维。据此，可用抗中间纤维的抗体对肿瘤的起源作鉴别诊断，特别是对未分化癌及转移肿瘤的诊断价值较高。根据癌症中不同类型的角蛋白，应用免疫显微技术就能较为精确地诊断癌症，这是难以用一般染色方法确诊的。由于这种方法非常灵敏，因而不同类型的中间纤维便成为肿瘤诊断的有力工具。目前人类主要肿瘤类群的中间纤维目录已建立，也得到了一些各种高度特异性的中间纤维抗体，这对于解决一些肿瘤的疑难问题具有重要意义。

第三节   细胞核骨架

细胞核骨架是存在于真核细胞核内的以蛋白成分为主的纤维网架体系。目前对核骨架的概念有两种理解，狭义的核骨架仅指核内基质；广义的核骨架包括核基质、核纤层和核孔复合体。

一、核基质

核基质的相关内容在第六章第四节已详细介绍过。核基质是指在细胞核内，除了核膜、核纤层、染色质及核仁以外的网络状结构体系。它不像微丝、微管和中间纤维那样，由非常专一的蛋白质成分组成，不同类型细胞核基质成分可能有较大差别。目前已测定的核基质蛋白质有数十种，这些蛋白质可以分为两类：一类是各种类型的细胞共有的，另一类则与细胞类型及分化程度相关。

二、染色体骨架

染色体骨架是指染色体中由非组蛋白构成的结构支架。1971 年 Wary 和 Stubblefield 用超声波、2mol/L NaCl 或 6mol/L 尿素处理仓鼠的染色体，除去 DNA 和组蛋白，最后观察到一带状结构，提出了染色体轴心结构假说。Laemmli 等用 2mol/L NaCl 溶液或硫酸葡聚糖、肝素溶液处理 HeLa 细胞中期染色体，将染色体中组蛋白去除，研究染色体中存留的结构和组分，发现染色体中存在非组蛋白骨架。染色体骨架的形状与染色体基本相符，骨架四周是 DNA 辐射环，根部结合在染色体骨架上，且辐射环的两端结合于骨架同一部位。他们据此提出了染色体骨架/辐射环模型（见第六章第二节）。

染色体骨架的成分主要是非组蛋白，有关骨架的研究仅有 10 余年历史，已取得一系列重要进展，但仍有许多问题有待进一步研究，如染色体骨架客观真实性的进一步证实，染色体骨架与螺旋模型及辐射环模型关系的实验证据等。

三、核纤层

核纤层（nuclear lamina）普遍存在于高等真核细胞间期细胞核中，是位于细胞核内膜与染色质之间的纤维蛋白片层或纤维网络。核纤层与核内膜紧密结合，由 1～3 种核纤层蛋白多肽组成（图 8-23）。

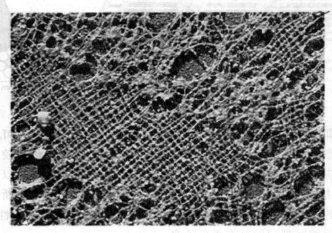

图 8-23　蛙卵母细胞核纤层的电镜照片，核纤层蛋白形
成方的网络状（引自 Aebi U.）

1. 核纤层的形态及结构

通过超薄切片电镜可以直接观察到位于内层核膜与染色质之间的核纤层结构，在不同细胞中，其厚度变化较大，一般为 10～20nm（有的可达 30～100nm）。核纤层纤维的直径为 10nm 左右，纵横排列整齐，呈正交状编织成网络。从整体上看呈一球状或笼状网络，切面观呈片层结构。在分裂期细胞，核纤层解体，以单体形式存在于胞质中。

2. 化学组成

核纤层由核纤层蛋白构成，在哺乳动物和鸟类细胞中，构成核纤层的纤维蛋白有 3 种，即核纤层蛋白 A、核纤层蛋白 B、核纤层蛋白 C。在非洲爪蟾中有 4 种，即核纤层蛋白Ⅰ、核纤层蛋白Ⅱ、核纤层蛋白Ⅲ、核纤层蛋白Ⅳ。

哺乳动物核纤层蛋白 A 和核纤层蛋白 C 的结构和生化分析说明，这两种蛋白质各自均能体外自我装配成 10nm 纤维，其轴向周期性与天然纤维相同（25nm），且与中间纤维类似（21～23nm）。因此，可以认为核纤层蛋白具有中间纤维的所有结构特征，无论是单体，还是组装成纤维，确实是中间纤维蛋白家族的成员。

近年来发现，核纤层与中间纤维均形成 10nm 纤维，均能抵抗高盐和非离子去垢剂的抽提，存在相同的抗原决定簇，核纤层在结构上成为核基质与中间纤维之间的桥梁。

3. 核纤层在细胞分裂中的周期性变化

在细胞分裂过程中，核纤层发生解聚和重装配。分裂前期，核膜崩解，核纤层蛋白高度磷酸化，核纤层解聚，核纤层蛋白弥散到胞质中。分裂末期，当核膜重现时，核纤层蛋白发生去磷酸化在染色体周围重装配，形成细胞的核纤层。

4. 核纤层的功能

核纤层与核膜、染色质及核孔复合体在结构上有密切联系。

① 核纤层为核被膜及染色质提供了结构支架，它与维持核孔的位置和核被膜的形状有关。

② 分裂期核纤层的可逆性降解和重装配对核被膜的崩解和重建具有调节作用。

思　考　题

1. 什么是血影？为什么说红细胞为研究质膜的结构及膜骨架提供了理想的材料？
2. 细胞骨架包括哪些类型？各类的结构特征和化学组成是什么？
3. 什么是微丝组装的踏车行为？
4. 简述肌肉收缩运动的分子机理。
5. 简述鞭毛和纤毛运动的机制。
6. 广义的核骨架指的是什么？有何特点？
7. 除支持和运动外，细胞骨架还有什么功能？
8. 简述中间纤维的装配过程。
9. 列表比较微管、微丝及中间纤维的特点。

第九章 细胞增殖及其调控

【学习目标】

1. 掌握细胞有丝分裂和减数分裂的过程。

2. 了解细胞周期的同步化方法和成熟促进因子等相关知识以及细胞周期调控中的主要控制点。

3. 理解细胞周期的关键性事件及细胞周期有序运转的调控机制。

细胞的种类繁多，生命过程长短不一，但每个细胞最终的归宿只有两种：一是细胞分裂，由原来的一个亲代细胞变为两个子代细胞；二是细胞死亡，生命活动消失。细胞分裂和细胞死亡均为细胞生命活动的基本特征。各种细胞在分裂之前，必须进行一定的物质准备。物质准备和细胞分裂是一个相互联系的过程，这一过程称为细胞增殖（cell proliferation）。

细胞增殖是生物体的重要生命特征，细胞以分裂的方式进行增殖，以维持生物的生长、发育、繁衍后代。无论是单细胞的生物还是多细胞的生物，细胞通过分裂形成的新细胞必须具有与亲代细胞相似的遗传性。个体小、结构较简单的单细胞生物（如酵母），以细胞分裂的方式产生新的个体，导致生物个体数量的增加，保持了物种的延续；多细胞生物是由一个单细胞（即受精卵），经过细胞的分裂和分化发育而成的，并且在其生长、生殖、新陈代谢过程中需要通过细胞分裂增加细胞数目、产生生殖细胞和替代不断衰老或死亡的细胞。

细胞增殖是通过细胞周期来实现的，细胞周期是细胞生命活动的全过程。细胞增殖过程不仅要遵循细胞自身的增殖调控规律，同时还要受到生物体整体调控机制的调节与监控。例如，在遗传物质 DNA 复制准备阶段尚未完成之前，DNA 不能开始复制；在 DNA 没有复制之前，细胞也就不能分裂。在细胞增殖过程中，任何一个关键步骤的错误，都有可能导致严重后果，如细胞将被机体免疫系统清除，或者癌变，甚至死亡。

细胞增殖和调控过程的正常运行是生物体生长、发育、繁殖和遗传的基础，是整个生命活动的最基本保证。

第一节 细胞周期与细胞分裂

一、细胞周期

1. 细胞周期概述

细胞的生命开始于母细胞的分裂，结束于子细胞的形成或是细胞的自身死亡。当子代细胞形成后，又将开始新一轮的物质积累和细胞分裂，如此周而复始。通常将细胞的这种物质积累与分裂的循环过程，称为细胞周期（cell cycle）。具体地说，细胞周期是指具有分裂能力的细胞，从一次分裂结束到下一次分裂结束所经历的一个完整过程。又称为细胞的一个生活周期。

典型的细胞周期包括分裂间期和分裂期两部分。每部分都包括几个连续的时期，发生不同的变化。细胞周期中各个时期的变化特点称为时相。

细胞在一次分裂结束之后到下一次分裂之前，是分裂间期。分裂间期是细胞分裂前重要的物质准备和积累阶段，是细胞代谢、DNA 复制旺盛时期。分裂间期难以靠形态学指标划分，DNA 是在间期的一定时间合成的，于是将分裂间期划分为 DNA 合成前期（G_1）、DNA 合成期（S）和 DNA 合成后期（G_2）。

细胞分裂间期结束到新的子代细胞形成，是分裂期。分裂期是细胞增殖的实施过程，简称为 M 期。M 期是涉及细胞核、染色体分裂的复杂变化以及形成两个新的子细胞的过程，其依据形态学指标分为前、中、后、末四个时期。因此，一个完整的细胞周期包括 G_1、S、G_2、M 四个时期（图 9-1），细胞沿着 $G_1 \rightarrow S \rightarrow G_2 \rightarrow M$ 期的路线运转。

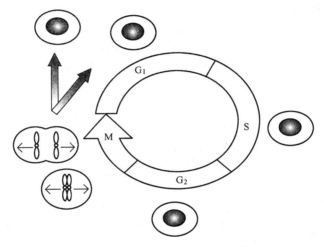

图 9-1　标准的细胞周期（引自翟中和等，2000）

细胞经过分裂间期和分裂期，完成一个细胞周期，细胞数量也相应地增加 1 倍。在一个细胞周期内，这两个阶段所占的时间相差较大，一般分裂间期大约占细胞周期的 90%～95%，分裂期大约占细胞周期的 5%～10%。

不同生物的细胞周期时间是不同的，同一系统中不同细胞的细胞周期时间也有很大差异。有的细胞每增殖一次仅需几十分钟，如细菌；有的需要十几小时或几十小时，有的长达几十年，如高等动物体内的细胞。一般来说，细胞周期时间长短主要差别在 G_1 期，而（S+G_2+M）期的总时间变化较小，尤其是 M 期持续的时间更为恒定，常常仅持续半小时左右。如小鼠的食管和十二指肠上皮细胞同属于消化系统，但它们的细胞周期时间却明显不同，分别为 115h 和 15h。这种差别主要是由 G_1 期的不同造成的，因为食管上皮细胞的 G_1 期长达 103h，而十二指肠上皮细胞的 G_1 期仅为 6h。

从细胞增殖的角度来看，可将真核生物细胞分为三类：

第一类是周期中细胞，也称持续分裂细胞。机体内某些组织需要不断地更新，组成这些组织的细胞就必须通过持续分裂产生新细胞。此类细胞的分裂周期正常地持续运转，有丝分裂的活性很高。如造血干细胞要不断地产生红细胞和白细胞；上皮组织的基底层细胞需要通过持续不断的分裂增加细胞数量，弥补上皮组织表层老化死亡的细胞；植物的根茎尖端细胞需要通过分裂进行生长等都是具有正常周期的持续分裂细胞。

第二类是终端分化细胞。即永久性失去了分裂能力的细胞，它们不可逆地脱离了细胞周期，但保持了生理活性机能。这些细胞都是高度特化的细胞，如哺乳动物的红细胞、神经细胞、多形性白细胞、肌细胞等，这些细胞一旦分化，就永远保持这种不分裂状态直到死亡。

第三类是 G_0 期细胞，也称静止期细胞（图 9-2）。这些细胞会暂时脱离细胞周期，不进行 DNA 复制，停止细胞分裂。周期中细胞转化为 G_0 期细胞多发生在 G_1 期。G_0 期细胞一旦得到信号指使，会快速返回细胞周期重新开始 DNA 合成，进行细胞分裂。如肝细胞，外科手术切除部分肝组织后可以诱导肝细胞进行细胞分裂。又如结缔组织中的成纤维细胞，平时并不分裂，一旦所在的组织部位受到伤害，它们会马上返回细胞周期，分裂产生大量的成纤维细胞，分布于伤口部位，促使伤口愈合。对 G_0 期细胞这种特性的研究，不仅涉及对细胞分化和细胞增殖调控过程的探讨，而且对生物医学如肿瘤发生和治疗、药物设计和药物筛选等，都具有重要的指导意义。

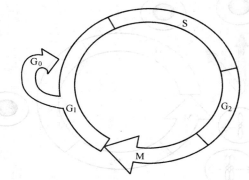

图 9-2　细胞周期 G_0 期（引自翟中和等，2000）

细胞分裂后，某些细胞离开细胞周期，执行某些生物学功能或进行细胞分化；
当受到某种适当的刺激后，又会重返细胞周期进行分裂增殖

在胚胎发育早期，所有细胞均为周期性细胞，随着发育成熟，某些细胞进入了 G_0 期，某些细胞分化后丧失分裂能力。G_0 期细胞和终端分化细胞的界限有时难以划分，有的细胞过去认为属于终端分化细胞，目前认为有可能是 G_0 期细胞。

2. 细胞周期同步化

在细胞的体外培养和分析中发现，在同种细胞组成的一个细胞群体中，不同的细胞可能处于细胞周期的不同阶段，其形态学和生化特点有所不同，对辐射、药物、病毒感染、酶诱导的敏感性也均有差异。由于 M 期较短，在一个培养的群体中，无论何时检查，只看到极少数细胞处于分裂状态。而人们为了研究细胞周期不同阶段的生化特性，常需要整个细胞群体均处于细胞周期的同一个时期，获得细胞周期一致性的细胞，即细胞周期的同步化。

自然界就存在这种细胞周期同步化，亦称自然同步化，在动物、植物细胞都有发现。如许多动物可以一次产下许多均处于细胞周期同一时期的卵细胞。若这些卵细胞同时受精，则可以同时进行卵裂。而且有不少种类的受精卵可以同步卵裂数次甚至十几次，形成数量可观的同步化细胞群体。自然同步化不受人为条件的干扰，能在接近自然的条件下进行观察，但自然同步化的细胞群体受到诸多条件的限制，对结果有很大的影响。

细胞周期同步化也可以人工选择或人工诱导，统称为人工同步化，是利用细胞培养的方法，经各种理化因素处理获得的同步化生长的细胞。

(1) 人工诱导同步化　是指通过药物诱导，使细胞同步化发生在细胞周期中某个特定时期。目前应用较广泛的主要有两种方法。一种是 DNA 合成阻断法。采用一种低毒或无毒的 DNA 合成抑制剂特异地抑制 DNA 合成，而不影响处于其他时期的细胞进行正常的细胞周期运转，从而将被抑制的细胞抑制在 DNA 合成期，使其不能顺利通过 S 期进入 G_2 期。经过 S 期的短暂阻隔，再改变抑制剂的浓度，解除抑制，所有的细胞都开始 DNA 的合成，即获得处于同步生长的细胞。此方法目前被广泛采用，优点是同步化效率高，几乎适合于所有体外培养的细胞体系。另一种方法是分裂中期阻断法。某些药物如秋水仙素、秋水仙胺等，可以抑制微管聚合，因而能有效地抑制细胞分裂器的形成，将细胞阻断在细胞分裂中期。此方法的优点是操作简便，效率高。缺点是这些药物的毒性相对较大，对细胞有副作用，若处理的时间过长，得到的细胞常常不能恢复正常细胞周期运转。

(2) 人工选择同步化　指人为地将处于不同时期的细胞，根据形态、体积和重量上的显著差别将其分离开来，从而获得不同时期的细胞群体。因为选择同步化是用物理方法将处于细胞周期中同一阶段的细胞从非同步的群体中分离出来，因而可以克服诱导同步化过程中因使用毒性物质产生对细胞的毒性影响。

在实际工作中，人们常将几种方法并用，以获得数量多、同步化效率高的细胞。目前，已经成功分离了许多与细胞周期调控有关的条件依赖性突变株。将这些突变株转移到限定条件下培养，所有细胞便被同步化在细胞周期中某一特定时期，且这些同步化的 M 期细胞仍可以进行正常的细胞周期运转。

3. 细胞周期时相的主要事件

(1) G_1 期　G_1 期是从上次有丝分裂完成后到 DNA 复制前的一段时期。上一次细胞分裂之后，子代细胞生成，标志着 G_1 期的开始。此期主要合成 rRNA、某些专一性的蛋白质（如组蛋白、非组蛋白及一些酶类）、脂类和糖类，这些物质的积累有助于细胞通过 G_1 期检验点，顺利进入 S 期。

在 G_1 期的晚期阶段有一个特定时期。如果细胞继续走向分裂，则可以通过这个特定时期进入 S 期，开始合成 DNA，一直到完成细胞分裂。

在芽殖酵母中，这个特定时期称为起始点。在真核细胞中，这一特定时期称为检验点。起始点是 G_1 期晚期的一个基本事件。细胞只有在内、外因素共同作用下才能完成这一基本事件，顺利通过 G_1 期，进入 S 期并合成 DNA。任何影响到这一基本事件完成的因素，都将严重影响细胞从 G_1 期向 S 期转换。影响这一事件的外在因素主要包括营养供给和相关的激素刺激等；内在因素则主要是细胞分裂周期基因产物（如蛋白激酶、磷酸酶等）活性的变化，且这种变化本身又受到内在因素和外在因素的综合调节。

实验发现，绝大多数高等真核细胞若在检验点前进行无生长因子培养，细胞会很快进入休眠期，不能复制 DNA，也不能进行细胞分裂。倘若在检验点之后进行无生长因子培养，细胞则可以进入 S 期，复制 DNA。检验点不仅存在于 G_1 期，也存在于其他时期，如 S 期检验点、G_2 期检验点、纺锤体装配检验点等，其监控机制犹如交通路途中设立的检查站，随时检查过往的行人和车辆。细胞内存在着一系列监控机制，可以鉴别细胞周期进程中的错误，并诱导产生特异的抑制因子，从而阻止细胞周期进一步发生错误的运行。

(2) S 期　S 期即 DNA 合成期。细胞经过 G_1 期，为 DNA 复制的起始做好了各方面的准备。进入 S 期后，立即开始复制 DNA。在此期，除了 DNA 合成外，同时还会合成组蛋白以及 DNA 复制所需的酶。DNA 的复制和组蛋白的合成在时间上是同步的，从而使新合成的 DNA 得以及时包装成核小体。另外，推测组蛋白起着 DNA 复制延长因子的作用，没有组蛋白，DNA 的复制就会停止。

同时，DNA 复制与细胞核结构如核骨架、核纤层、核膜等密切相关。目前已证实，真核细胞 DNA 的复制和原核生物一样，是严格按照半保留复制的方式进行的。DNA 复制的起始和复制过程受到多种细胞周期调节因素的严密调控。可以说，细胞周期中 S 期是最重要的一个时期。

（3）G_2 期　DNA 复制完成以后，细胞即进入 G_2 期。此时细胞核内 DNA 的含量已经增加 1 倍，由 G_1 期的 $2n$ 变成了 $4n$。此期大量合成 ATP、RNA、蛋白质，包括微管蛋白和促成熟因子（MPF）等，为进入 M 期做必要的准备。

但细胞能否顺利地进入 M 期，要受到 G_2 期检验点的控制。G_2 期检验点要检查 DNA 是否完成复制，细胞是否已生长到合适大小，环境因素是否利于细胞分裂等。只有当所有有利于细胞分裂的条件得到满足以后，细胞才能顺利实现从 G_2 期向 M 期的转化。

（4）M 期　M 期即细胞分裂期。分裂期包括核分裂和胞质分裂，并形成两个子细胞的过程。这一时期的主要特点是细胞经过分裂，将遗传物质载体平均分配到两个子细胞中。

真核细胞的分裂方式有三种：有丝分裂、无丝分裂、减数分裂。有丝分裂（mitotic division, mitosis）和减数分裂（meiotic division, meiosis）是细胞的两种主要分裂形式。体细胞一般进行有丝分裂，产生两个含有相同全套染色体的子细胞，是真核生物进行细胞分裂的主要方式，用于增加体细胞的数量。而成熟过程中形成生殖细胞时要进行减数分裂，产生在遗传上有变异的单倍体细胞，用于有性生殖。从本质上看减数分裂是一种特殊形式的有丝分裂。无丝分裂比较简单，是指处于间期的细胞核不经过任何有丝分裂时期，只是经过核延长、核缢裂、质缢裂即形成两个子细胞，分裂过程中不出现纺锤丝和染色体。一般认为，无丝分裂并不是真核细胞正常的分裂方式，只在低等的一些纤毛虫中最为常见。

二、有丝分裂

有丝分裂是真核生物进行细胞分裂的主要方式，许多生物体以有丝分裂的方式增加体细胞的数量。在细胞分裂期，最明显的变化是细胞核中染色体的变化。在这个时期，通过纺锤丝的形成和运动，把在 S 期复制的 DNA 平均分配到两个子细胞中，以保证遗传的连续性和稳定性。由于这一时期的主要特征是出现纺锤丝，故称为有丝分裂。

有丝分裂是一连续的复杂动态过程，根据染色体形态的变化特征，可分为前期、中期、后期、末期四个时期。在后期和末期亦包括了细胞质的分裂（图 9-3）。

1. 前期

染色质的凝聚是前期开始的第一个特征，实际上是染色质丝螺旋盘曲，逐步缩短变粗，成为光学显微镜下明显可见的染色体。此时染色体已经完成了复制，每条染色体含有两条并列的染色单体（姊妹染色单体），并由着丝粒相连。着丝粒为染色体特化的部分（也称原动体），其外侧附着有着丝点，是纺锤丝穿插的位置。之后，核仁逐渐解体，核膜逐渐消失。在植物细胞中，由细胞质微管构成的纺锤丝和蛋白质共同形成纺锤体。着丝粒与纺锤体微管相连，这些纺锤体微管从染色体的两侧分别向相反方向延伸而达到细胞两极。在动物细胞中，中心粒经过复制成为两组中心粒，一组中心粒的位置不变，另一组中心粒移向细胞的另一极，两组中心粒之间的星射线形成了纺锤体。植物细胞的两极则是纺锤体的两端。

2. 中期

纺锤丝牵引着染色体运动，使每条染色体的着丝粒排列在细胞中央的一个平面上。这个

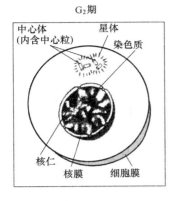
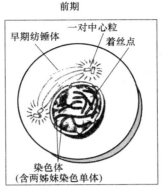
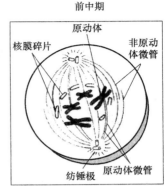

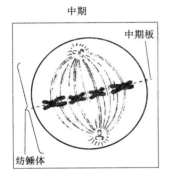
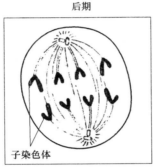
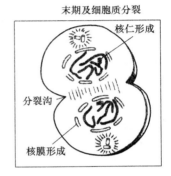

图 9-3　动物细胞有丝分裂的各个时期（引自陆瑶华，2001）

平面与纺锤体的中轴相垂直，类似于地球上赤道的位置，所以称为赤道板。此时染色体的形态比较固定，数目比较清晰，为观察染色体形态、数目的最佳时期。

3. 后期

着丝粒分裂，两条姊妹染色单体相互分离成为两条染色体，并且依靠纺锤体微管的作用分别向细胞的两极移动。这时细胞核内的全部染色体就平均分配到了细胞的两极，使细胞的两极各有一套染色体。这两套染色体的形态和数目是完全相同的，每一套染色体与分裂以前的亲代细胞中染色体的形态和数目也是相同的。

4. 末期

到达两极的染色体解螺旋又成为纤细的染色质，纺锤丝也逐渐消失，核仁、核膜重新出现，伴随子细胞核的重建。

5. 胞质分裂

在分裂的后期或末期，随着染色体的分离，细胞质开始分裂。在动物细胞中，细胞膜在细胞的中部形成一个由微丝（肌动蛋白）构成的环带，微丝收缩使细胞膜以垂直于纺锤体轴的方向内陷，形成环沟，随细胞由后期向末期转化，环沟逐渐加深，最后把细胞缢裂成了两个子细胞。而植物细胞则是在细胞的赤道板上，形成由微管、细胞壁前体物质的高尔基体或内质网囊泡融合的细胞板，然后由细胞板逐渐形成了新的细胞壁，最终将一个细胞分裂成两个子细胞（图 9-4）。大多数子细胞进入下一个细胞周期的分裂间期状态。

可见，有丝分裂是通过纺锤丝的形成和运动，把亲代细胞的染色体经过复制以后，精确地平均分配到两个子细胞中。因此，由一个亲代细胞产生的两个子细胞各具有与亲代细胞在

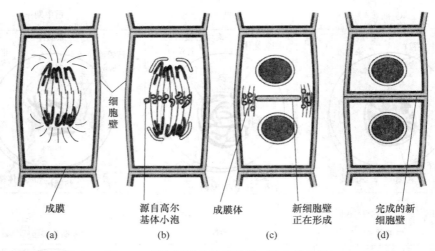

图 9-4　植物细胞的胞质分裂（引自王金发）

数目和形态上完全相同的染色体，母细胞与子细胞携带的遗传信息也相同。这样保证了遗传的连续性和稳定性，对于生物的遗传具有重要意义。

三、减数分裂

减数分裂是一种特殊的有丝分裂，是发生在有性生殖特定时期的一种特殊细胞分裂。动植物的生殖细胞或配子（精子和卵细胞）就是由配子母细胞经过减数分裂而产生。减数分裂的特点是 DNA 复制一次，细胞连续分裂两次，结果子细胞内染色体数目减少一半，成为单倍性的生殖细胞。例如，人的精原细胞和卵原细胞中各有 46 条染色体，而经过减数分裂形成的精子和卵细胞中，只含有 23 条染色体。

减数分裂过程中相继的两次分裂分别称为减数分裂Ⅰ和减数分裂Ⅱ（图 9-5）。染色体

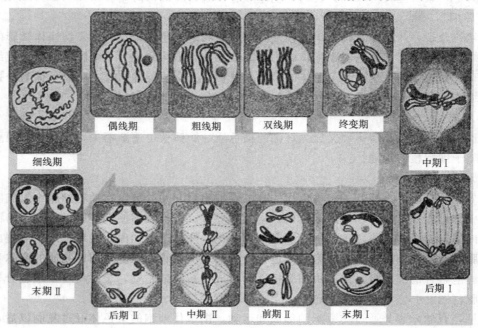

图 9-5　植物细胞的减数分裂图解

只在第一次减数分裂前的间期复制了一次，在两次分裂之间的短暂间歇期内不进行 DNA 的合成，因而也不发生染色体的复制。

1. 减数分裂期 I

减数分裂期 I 与体细胞有丝分裂期有许多相似之处。其过程也可划分为前期 I、中期 I、后期 I、末期 I 和胞质分裂 I 等阶段。但减数分裂期 I 又有其鲜明的特点，呈现许多减数分裂的特征性变化，主要表现是一对同源染色体在分开前要发生交换配对和重组，并分别进入两个子细胞。另外，在染色体组中，同源染色体的分离是随机的，也就是说染色体组要发生重组合。

（1）前期 I　前期 I 持续时间较长，变化最为复杂。在高等生物中，可持续数周、数月、数年，甚至数十年。在低等生物中，持续时间相对较短，但也比有丝分裂前期持续的时间长得多。在这漫长的过程中，细胞核显著增大，同源染色体进行配对、交换、基因重组，并合成一定量的 RNA 和蛋白质等。

根据细胞形态变化，可以将前期 I 划分为细线期、偶线期、粗线期、双线期、终变期等 5 个阶段。

① 细线期　发生染色质凝集，染色质纤维逐渐折叠螺旋化，变短变粗，在显微镜下可以看到细纤维样染色体结构。这一时期与有丝分裂前期起始阶段也有明显的不同，主要是两条染色单体的臂并不分离，即复制后的每条染色体都含有两条姊妹染色单体，且并列在一起由同一个着丝粒连接着。此期核体积增大，核仁也较大。

② 偶线期　染色质进一步凝集，同源染色体发生配对，也称为联会。即来自父母双方的同源染色体（形状和大小一般都相同，一条来自父方、一条来自母方）逐渐靠近结合。配对过程仅发生在同源染色体之间，非同源染色体之间不进行配对。两条同源染色体配对结合后的复合体称为二价体。由于每个二价体都含有两条姊妹染色单体，因此，联会后的每对同源染色体就含有 4 条染色单体，也叫四分体。

③ 粗线期　在此过程中，染色体进一步浓缩，变粗变短，与核膜继续保持接触，此期染色体形态是一个明显的四分体。同源染色体仍紧密结合，并发生等位基因之间部分 DNA 片段的交换和重组，产生新的等位基因的组合，这在遗传学上有着重要意义。

④ 双线期　染色体长度进一步变短，在纺锤丝牵引下，配对的同源染色体彼此分离，但仍有几处相互联系。同源染色体的四分体结构变得清晰可见，且在非姊妹染色单体之间的某些部位上，可见相互间有接触点，称为交叉。交叉被认为是粗线期交换发生的细胞形态学证据，其数目决定于物种类型及染色体长度，若染色体较长，则交叉也较多。人类平均每对染色体的交叉数为 2～3 个。同源染色体或多或少地要发生去凝集，RNA 转录活跃。而 RNA 转录、蛋白质翻译以及其他物质的合成等，是双线期卵母细胞体积增长所必需的。

此过程持续时间一般较长，长短变化也很大，几周、几月、几年都有可能。如两栖类卵母细胞的双线期可持续将近一年，而人类的卵母细胞的双线期从胚胎期的第 5 个月开始，短者可持续十几年，到性成熟期结束；长者可达四五十年，到生育期结束。

⑤ 终变期　染色体又开始重新凝集，形成短棒状结构。同源染色体交叉的部位逐步向染色体臂的端部移动，此过程称为端化。最后，四分体之间只靠端部交叉使其结合在一起，姊妹染色单体通过着丝粒相互联结。

当前期即将结束时，中心粒已经加倍，中心体移向两极并形成纺锤体，核被膜破裂和消失。

（2）中期Ⅰ　分散于核中的四分体在纺锤丝的牵引下移向细胞中央，排列在细胞的赤道板上。此时同源染色体的着丝粒只与从同一极发出的纺锤体微管相联结。

（3）后期Ⅰ　同源染色体在两极纺锤体的作用下相互分离并逐渐向两极移动，移向两极的同源染色体均是含有两条染色单体的二倍体。这样到达每个极的染色体的数量为细胞内染色体总数量的一半。因此，减数分裂过程中染色体数目的减半发生在减数第一次分裂中。

不同的同源染色体对向两极的移动是随机的、独立的，所以父方、母方来源的染色体此时会发生随机组合，即染色体组的重组，这种重组有利于减数分裂产物的基因组变异。

（4）末期Ⅰ、胞质分裂Ⅰ和减数分裂间期　染色体到达两极后逐渐进行去凝集。在染色体的周围，核被膜重新装配，形成两个子细胞核。细胞质也开始分裂，完全形成两个间期子细胞，它们虽具有一般间期细胞的基本结构特征，但不再进行 DNA 复制，也没有 G_1 期、S 期和 G_2 期之分。间期持续时间一般较短，有的仅作短暂停留或者进入末期后不是完全恢复到间期阶段，而是立即准备进行第二次减数分裂。

2. 减数分裂期Ⅱ

减数第一次分裂结束后，紧接着开始减数第二次分裂。第二次减数分裂过程与有丝分裂过程非常相似，即经过分裂前期Ⅱ、中期Ⅱ、后期Ⅱ、末期Ⅱ和胞质分裂Ⅱ等几个过程。每个过程中细胞形态变化也与有丝分裂过程相似。

经过减数分裂，一个配子母细胞共形成 4 个子细胞。在雄性动物中，4 个子细胞大小相似，称为精子细胞，将进一步发展为 4 个精子。在雌性动物中，第一次分裂为不等分裂，即第一次分裂后产生一个大的卵母细胞和一个小的极体，称为第一极体。第一极体将很快死亡解体，有时也会进一步分裂为两个小细胞（极体），但没有功能。接着，卵母细胞进行减数第二次分裂，也为不等分裂，形成一个卵细胞和一个第二极体。第二极体也没有功能，很快解体。因此，雌性动物减数分裂仅形成一个有功能的卵细胞。高等植物减数分裂与动物减数分裂类似。

在生物体的有性生殖过程中，精子和卵细胞通常要融合在一起才能发育成新个体。当精细胞核与卵细胞核相遇，彼此的染色体会合在一起后，受精卵中的染色体数目又恢复到体细胞中的数目，其中有一半的染色体来自精子（父方），另一半来自卵细胞（母方）。

减数分裂的意义在于，既有效地获得父母双方的遗传物质，保持后代的遗传性，又可以增加更多的变异机会，确保生物的多样性，增强生物适应环境变化的能力。相反，若在有性生殖过程中没有减数分裂，生殖细胞染色体不能减半，受精后染色体数必将倍增。细胞体积也会相应增加，生物个体体积也会增长。代代相传的结果是，其生命活动将无法适应环境变化，终将被自然淘汰。可见，对于进行有性生殖的生物来说，减数分裂和受精作用对于维持每种生物前后代体细胞中染色体数目的恒定，对于生物的遗传、生物的进化变异和生物的多样性都具有重要意义。

减数分裂与有丝分裂的共同点都是通过纺锤体与染色体的相互作用进行细胞分裂，但两者之间有许多差异（图 9-6）。有丝分裂是体细胞的分裂方式，减数分裂是配子母细胞产生配子的过程（生殖细胞也有有丝分裂）。有丝分裂是一次细胞周期，DNA 复制一次，细胞分裂一次，染色体由 $2n \rightarrow 2n$；减数分裂是两次细胞周期，DNA 复制一次，细胞分裂两次，染色体由 $2n \rightarrow n$。有丝分裂中每个染色体是独立活动的，减数分裂中染色体要配对、联会、交换和交叉。有丝分裂前，经 DNA 合成，进入 G_2 期后才进行有丝分裂；减数分裂前，DNA 合成时间长，一旦合成即进入减数分裂期，G_2 期短或没有。有丝分裂时间短，1～2h；减数分裂时间长，几十小时至几年。

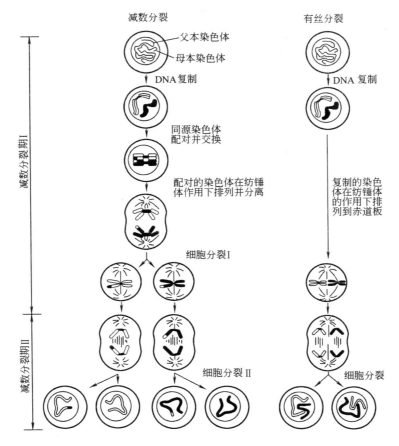

图 9-6　有丝分裂与减数分裂的比较（引自 Alberts 等，1994）

第二节　细胞增殖的调控

　　细胞的增殖是通过细胞周期来实现的。人体内含有 2.5×10^{13} 个红细胞，其寿命仅为 120 天，要维持红细胞的数量，每秒要产生 2.5×10^6 个新的红细胞，可见细胞的繁殖速度非常快，同时新产生的细胞数量却能恰好补偿成体组织中死亡或丢失的细胞数量。由此可见，细胞周期是在严格调控的前提下有条不紊地运转的。其中周期蛋白和分裂期促成熟因子起到了重要作用。

一、周期蛋白

　　为确保细胞周期这一生命增殖过程有条不紊地进行，细胞内形成了一系列调控机制，对这一过程进行严格的监控，根据在不同过程中的信息反馈来进行自我调节。实际上，细胞周期的调控系统是一个典型的生化操作装置，这种装置由一套相互作用的蛋白质组成，正是这些蛋白质间的相互作用，才得以自动调控细胞周期的进程。

1983 年，人们在以海胆卵为材料进行细胞周期调控的研究中发现，海胆卵细胞中存在两种特殊蛋白质，它们的含量随细胞周期进程的变化而呈现出周期性变化。一般在细胞分裂的间期内积累，在分裂期内递减，尤其在后期急剧下降，在下一个细胞周期中又重复这一消长现象。因而将这两种蛋白质命名为细胞周期蛋白，简称周期蛋白（cyclin）。

研究证明，周期蛋白也有许多种，广泛存在于从酵母到人类等各种真核生物中，并且为诱导细胞进入 M 期所必需。各种生物之间的周期蛋白在功能上有着广泛的互补性，这些周期蛋白在细胞周期内表达的时期不同，所执行的功能也多种多样。有的只在 G_1 期表达并只在 G_1 期和 S 期转化过程中执行调节功能，所以常被称为 G_1 期周期蛋白，如周期蛋白 C、周期蛋白 D、周期蛋白 E、周期蛋白 F、周期蛋白 G、周期蛋白 H 等；有的虽然在间期表达和积累，但到 M 期才表现出调节功能，所以常被称为 M 期周期蛋白，如周期蛋白 B。G_1 期周期蛋白在细胞周期中存在的时间相对较短，M 期周期蛋白在细胞周期中则相对稳定。

二、Cdk 与 Cdk 抑制物

人们在对蛙卵细胞的实验中发现，注射来自 M 期卵细胞的提取物，可使卵母细胞进入 M 期。而用来自细胞周期其他阶段的提取物注射卵母细胞则不能诱导进入 M 期。这种在 M 期细胞中具有促进细胞分裂的因子称为促成熟因子（M phase-promoting factor，MPF）。MPF 的活性在细胞周期中波动很大，在有丝分裂前急剧升高，但在有丝分裂后急剧下降直到零。虽然 MPF 首先发现于蛙的卵细胞，但在实验过的所有动物细胞中都发现了 MPF，说明这种因子是普遍存在的。

实验还发现，MPF 是由两个不同的亚基组成的：一个是催化亚基，它能将磷酸基团从 ATP 转移到特定底物的丝氨酸和苏氨酸残基上，这种蛋白激酶称为细胞周期蛋白依赖性激酶（cyclin-dependent kinase，Cdk），其主要功能是控制细胞周期的进程；另一个亚基是细胞周期蛋白（图 9-7）。

目前已经发现并命名的 Cdk 包括 Cdk1、Cdk2、Cdk3、Cdk4、Cdk5、Cdk6、Cdk7 和 Cdk8 等。Cdk 活性受到多种因素的综合调节，而周期蛋白与 Cdk 结合是 Cdk 活性表现的先决条件。Cdk 不能单独起作用，它需要与细胞周期蛋白结合才有功能。不同的 Cdk 所要求结合的周期蛋白不同，在细胞周期中执行的调节功能也不相同。

除周期蛋白对 Cdk 活性进行调控外，细胞内还存在一些对 Cdk 活性起负性调控作用的蛋白质，称为 Cdk 抑制物，简称 CdkI。到目前为止，已经发现多种对 Cdk 起负性调控的 CdkI。

三、细胞周期运转调控

周期性细胞能持续进行细胞分裂，沿细胞周期 $G_1 \rightarrow S \rightarrow G_2 \rightarrow M$ 持续运转而不断产生新细胞。细胞在此单向有序的各时相停留多少时间，是否能顺利进入下一个时相，主要取决于细胞周期的控制系统。在典型的细胞周期中，控制系统是通过细胞周期的检验点来进行调节的。控制系统中有三个检验点是至关重要的：G_1 期检验点（靠近 G_1 末期）、G_2 期检验点（在 G_2 期结束点）、M 期检验点（在分裂中期末）（图 9-8）。在每一个检验点，由细胞所处的状态和环境决定细胞能否通过此检验点而进入下一阶段。

不同种类的周期蛋白与不同种类的 Cdk 结合，构成不同的周期蛋白-Cdk 复合体，对细胞周期的不同时期进行调节。例如，与 G_1 期周期蛋白结合的 Cdk 在 G_1 期起调节作用，与 M 期周期蛋白结合的 Cdk 在 M 期起调节作用（见表 9-1）。

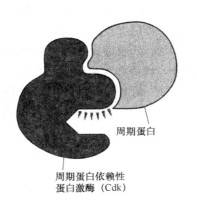

图 9-7　周期蛋白-Cdk 复合的组成

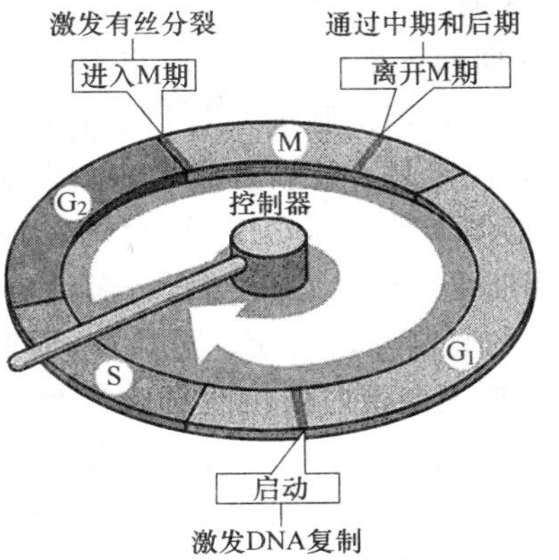

图 9-8　细胞周期控制模拟系统

表 9-1　不同类型的 Cdk-周期蛋白（cyclin）复合体

激酶复合体	脊椎动物		芽殖酵母	
	Cyclin	Cdk	Cyclin	Cdk
G$_1$-Cdk	Cyclin D[①]	Cdk4、6	Cln 3	Cdk1（Cdc28）
G$_1$/S-Cdk	Cyclin E	Cdk2	Cln 1、2	Cdk1（Cdc28）
S-Cdk	Cyclin A	Cdk2	Clb 5、6	Cdk1（Cdc28）
M-Cdk	Cyclin B	Cdk1（Cdc2）	Clb 1～4	Cdk1（Cdc28）

① 包括 D$_{1\sim3}$，各亚型 cyclin D，在不同细胞中的表达量不同，但具有相同的功效。

1. G$_1$/S 期转化与 G$_1$ 期周期蛋白依赖性激酶

细胞由 G$_1$ 期向 S 期转化主要受 G$_1$ 期周期蛋白依赖性激酶控制。在哺乳动物细胞中，G$_1$ 期周期蛋白主要包括周期蛋白 D、周期蛋白 E，或许还有周期蛋白 A。与 G$_1$ 期周期蛋白结合的 Cdk 主要包括 Cdk2、Cdk4 和 Cdk6 等。周期蛋白 D 主要与 Cdk4 和 Cdk6 结合并调节后者的活性，周期蛋白 E 则与 Cdk2 结合。周期蛋白 A 虽被划分为 S 期周期蛋白，但周期蛋白 A 的合成开始于 G$_1$/S 转化时期，周期蛋白 A 也可以与 Cdk2 结合并参与调控 G$_1$/S 期转化过程（图 9-9）。进入 S 期后，周期蛋白 A-Cdk2 复合物位于 DNA 复制中心，成为该时期主要的周期蛋白-Cdk 复合体。

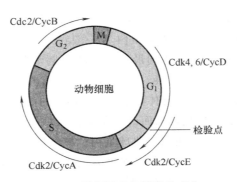

图 9-9　周期蛋白的周期性变化

大量实验显示，周期蛋白 E 是哺乳动物细胞中表达的另一种 G$_1$ 期周期蛋白，周期蛋白 E-Cdk2 具有活性是启动 S 期所必需的。周期蛋白 E 在 G$_1$ 期的晚期开始合成，一直持续到细胞进入 S 期。周期蛋白 E 与 Cdk2 结合成复合物，呈现 Cdk2 激酶活性，其活性峰值时间为 G_1 期晚期到 S 期的早期阶段。当细胞进入 S 期后，周期蛋白 E 很快被降解。

由此可知，当细胞进入 G_1 期到达 G_1 期检验点时，检验点通过比较细胞质体积与基因组的大小，决定是否让新合成的 G_1 周期蛋白与 Cdk 结合，激活称为启动点激酶的二聚体引擎分子，即周期蛋白与 Cdk 复合体。当细胞的体积增大到一定程度而 DNA 总量仍保持稳定，G_1 周期蛋白便与 Cdk 结合，激活启动点激酶，使周期性细胞通过 G_1 期检验点进入 S 期，DNA 的复制开始启动，同时 G_1 周期蛋白解离和自我降解。

除 G_1 期周期蛋白依赖性 Cdk 激酶活性之外，细胞内还存在其他多种因素对 DNA 复制起始活动进行综合调控。如 DNA 复制调控中重要的事件之一是 DNA 复制起始点的识别。细胞内存在复制起始点识别复合体（origin recognition complex，Orc）的蛋白质，Orc 含有 6 个亚单位，分别称为 Orc1～Orc6，Orc 识别 DNA 复制起始点并与之结合，是 DNA 复制起始所必需的。又如，是什么因素控制细胞在一个周期中 DNA 只能复制一次呢？原来，在细胞的胞质内存在一种执照因子，对细胞核染色质 DNA 复制发行"执照"。Mcm 蛋白（minichromosome maintenance protein）就是 DNA 复制执照因子的主要成分，Mcm 蛋白共有 6 种，分别称为 Mcm2～Mcm7，在细胞中去除任何一种 Mcm 蛋白，都将使细胞失去 DNA 复制起始功能。在 M 期，细胞核膜破裂，胞质中的执照因子与染色质接触并与之结合，使染色质获得 DNA 复制所必需的执照。细胞通过 G_1 期后进入 S 期，DNA 开始复制。随着 DNA 复制过程的进行，"执照"信号不断减弱直到消失。到达 G_2 期，细胞核不再含有执照信号，DNA 复制结束也就不再起始。只有等到下一个 M 期，染色质再次与胞质中的执照因子接触，重新获得执照，细胞核才能开始新一轮的 DNA 复制。

细胞由 G_1 期向 S 期转化是细胞繁殖过程中的重要生命活动之一。细胞能否成功地实现由 G_1 期向 S 期的转化，决定着细胞能否复制 DNA 和其他与细胞分裂有关的生物大分子，进而顺利地完成细胞分裂。

2. G_2/M 期转化与 Cdk1

完成了 DNA 复制后进入 G_2 期的细胞首先积累 M 周期蛋白，该周期蛋白与 Cdk 结合形成的二聚体为成熟促进因子（MPF，又称有丝分裂促进因子）。MPF 的磷酸化可增强催化 MPF 磷酸化的酶活性，促进细胞内被激活的 MPF 浓度急剧增加，最终导致细胞通过 G_2 期检验点而进入 M 期。

周期蛋白 B 为 M 期周期蛋白。因为周期蛋白 B 参与了 Cdk1 的合成，所以 Cdk1 的活性首先依赖于周期蛋白 B 含量的积累。周期蛋白 B 一般在 G_1 期的晚期开始合成，通过 S 期，其含量不断增加，到达 G_2 期其含量达到最大值。随周期蛋白 B 含量达到一定程度，Cdk1 活性开始出现。到 G_2 期晚期阶段，Cdk1 活性达到最大值并一直维持到 M 期的中期阶段。周期蛋白 A 也可以与 Cdk1 结合成复合体，表现出 Cdk1 的活性。

Cdk1 可以使许多蛋白质磷酸化，从而改变下游的某些蛋白质的结构和启动其功能。如 Cdk1 激酶可以使组蛋白 H1、核仁蛋白、肌球蛋白、核纤层蛋白 A、核纤层蛋白 B、核纤层蛋白 C 等磷酸化，而组蛋白 H1 磷酸化可以促进染色体凝集，核仁蛋白磷酸化可以促使核仁解体，肌球蛋白磷酸化能抑制胞质分裂，核纤层蛋白磷酸化可以促使核纤层解聚、核膜崩解。

3. M 期周期蛋白与分裂中期向分裂后期转化

细胞进入 M 期以后，MPF 可进一步催化核小体组蛋白 H1 磷酸化导致染色体凝缩，再使核纤层蛋白和微管结合蛋白磷酸化，促进核膜解体和纺锤体组装及染色单体的分离等，从而保证一系列有丝分裂事件的正常进行。

细胞周期运转到分裂中期后，M 期周期蛋白 A 和 B 将迅速降解，Cdk1 激酶活性丧失，被 Cdk1 激酶磷酸化的蛋白质去磷酸化，后期促进因子（anaphase-promoting complex，APC）（至少由 8 种成分组成，分别称为 APC1～APC8）得到活化，细胞则由 M 期中期向后期转化。由于 MPF 二聚体上周期蛋白的降解，随着有丝分裂的进行，活性 MPF 的浓度降低，当 MPF 的浓度降低到一定程度，M 期结束，有丝分裂过程完成，细胞又开始下一次以 G_1 期为起点的周期循环。

研究证明，周期蛋白 A 和 B 的降解是通过泛素化途径来实现的，即在中期当 MPF 活性达到最高时，通过一种途径，激活后期促进因子 APC，将泛素连接在周期蛋白 B 上，导致周期蛋白 B 被蛋白酶体降解。可见后期促进因子复合物起着调节 M 期周期蛋白降解的作用，同时也调节其他一些与细胞周期调控有关的非周期蛋白类蛋白质的降解。不过，APC 活性也受到多种因素的综合调节，如 M 期 Cdk 激酶活性可能对 APC 的活性起着调节作用，APC 活性亦受到纺锤体装配检验点的检验，纺锤体装配不完全，或者所有动粒不能被动粒微管全部捕捉，APC 则不能被激活。

细胞能否成功完成细胞周期的运转调控，除了与周期蛋白 Cdk 激酶的活性及其直接的活性调节因子有关外，还受到细胞内其他多种因素的综合调控，如各种检验点及其专门的调控机制等。其中最为重要的一类因素为癌基因和抑癌基因。癌基因非正常化表达可导致细胞转化，增殖过程异常甚至癌变。癌基因表达产物如蛋白激酶、多肽类生长因子、膜表面生长因子受体和激素受体、信号传导器、转录因子等，在细胞周期调控中各自起着不同的作用。例如生长因子与细胞表面的生长因子受体结合，可以促使 G_0 期细胞返回细胞周期开始增殖。抑癌基因表达产物对细胞增殖起着负性调节作用，其基因突变会使细胞癌变的机会增加。除细胞内在因素外，外界因素对细胞周期也有重要影响，如离子辐射、化学物质作用、病毒感染、温度变化、pH 变化等，这些因素会使 DNA 受到损伤、抑制 Cdk 激酶活性、干扰酶类和其他调节因素，甚至诱导细胞转化和癌变，从而使整个细胞周期进程发生改变。总之，所有这些内外因素，可能组成了一个专门的调控网络，对细胞周期的运转进行了精密的调控。

思 考 题

1. 肝细胞具有高度的特化性，但是当肝被破坏或者手术切除其中的一部分，组织仍会生长吗？为什么？

2. 为什么说近亲结婚有可能是一种悲剧性的婚姻？

3. 英国克隆绵羊的科学家为什么要将培养的绵羊乳腺细胞周期调整到 G_0 期而不调整到 M 期？

4. 比较有丝分裂与减数分裂的异同点，简述减数分裂的生物学意义。

5. 细胞周期同步化有哪些方法？比较其优缺点。

6. 举例说明 Cdk 激酶在细胞周期中是如何执行调节功能的。

第十章 细胞分化、衰老与凋亡

【学习目标】

1. 了解影响细胞分化的各种因素和生物发育的初步知识。
2. 理解癌细胞的基本特征和癌细胞发生的内外原因与过程。
3. 了解细胞衰老的条件及衰老细胞的结构变化及衰老机理。
4. 了解细胞凋亡的概念和形态学结构、生化分子特征及凋亡的机理。

细胞的分化、衰老与凋亡是生物体中发生的正常生命现象。因为，生物体内的大多数细胞都要经过未分化、分化、衰老、死亡这几个阶段。细胞的分化有利于生物体复杂化，发育成不同的组织、器官和系统；细胞的衰老有利于生物体不断产生和补充具有旺盛生命力的新细胞（如人体内的红细胞，每分钟要死亡数百万甚至数千万，同时又能产生大量的新的红细胞递补上去），与人类及动植物的寿命有密切关系；细胞的凋亡在参与生物体的形态建成、调节细胞的数量和质量方面具有重要的生物学意义。

第一节 细胞分化

一、细胞分化的基本概念

细胞分化（cell differentiation）是生物界中普遍存在的一种生命现象。细胞的分化是指相同细胞的后代，在形态、结构和生理功能上发生稳定性差异的过程。仅有细胞的增殖而没有细胞的分化，生物体是不能进行正常的生长发育的。细胞分化的主要特点如下。

1. 分化方向的确定早于形态差异的出现且保持稳定

生物的发育起点是一个细胞（受精卵），细胞分裂只能增殖出许多相同的细胞，只有经过细胞分化才能形成胚胎、幼体，并发育成成体。细胞的分化是一个渐变的过程，在胚胎发育的早期，细胞外观上尚未出现明显变化前，各个细胞彼此相似，但是细胞分化结果已经决定，各类细胞将沿着特定类型进行分化的能力已经稳定下来，以后依次渐变，一般不能逆转。例如在胚胎早期先有外、中、内三胚层的发生，然而在细胞形状上并没有什么差别。但是，各个胚层却预定要分化出一定的组织，例如中胚层将分化出肌细胞、软骨细胞、骨细胞和结缔组织的成纤维细胞。又如，果蝇成虫盘是果蝇胚胎表皮在一定部位内陷形成的一些未分化的细胞群，在幼虫阶段这些细胞群无明显形态差异，但在变态过程中，不同部位的细胞群分别向着一定方向分化，形成了腿、翅和触角等器官。这说明在分化出这些器官之前，成虫盘的分化命运即已确定。实验证明，这种确定是一种持久的、稳定的和可遗传的变化。

2. 高度分化的细胞仍具有全能性

由于已分化的细胞一般都有一整套与受精卵相同的染色体，即分化细胞保留着全部的核基因组，携带有本物种相同的 DNA 分子，能够表达本身基因库中的任何一种基因。因此，已分化的细胞仍具有发育成完整新个体的潜能，即保持着细胞的全能性（totipotency）。

高度分化的植物细胞仍然具有全能性，例如，花药离体培养及胡萝卜根组织的细胞在适宜的条件下可以发育成完整的新植株（图 10-1），这不仅是细胞全能性的有力证据，更重要的是已广泛地应用在植物基因工程的实践中。

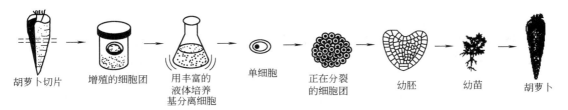

胡萝卜切片　　增殖的细胞团　　用丰富的　　单细胞　　正在分裂　　幼胚　　幼苗　　胡萝卜
　　　　　　　　　　　　　液体培养　　　　　　　的细胞团
　　　　　　　　　　　　　基分离细胞

图 10-1　胡萝卜分化细胞再生成完整的植株（引自 Alberts 等，1994）

对于高度分化的动物细胞，随着胚胎的发育，细胞逐渐丧失了发育成个体的能力，仅具有分化成有限的细胞类型和构建组织的潜能，这种潜能称为多潜能性，具有多潜能性的细胞称为干细胞（stem cell，SC）。也就是说，干细胞是一类具有自我复制能力的多潜能细胞，在一定条件下可以分化成多种功能细胞。如小鼠胚胎发育的囊胚期的原始内层细胞称为胚胎干细胞（embryo stem cell）；成体中具有分化成多种血细胞能力的细胞称为多能造血干细胞，它在造血器官骨髓中仅占细胞数的万分之一。仅具有分化形成某一种类型能力的细胞称为单能干细胞或定向干细胞。由单能干细胞最终形成特化细胞类型的过程称为终末分化。

干细胞具有几个显著的特点：本身不是终末分化细胞（即干细胞不是处于分化途径的终端）；能无限地分裂，且分裂产生的子细胞只能在两种途径中选择其一，或保持亲代特征仍作为干细胞，或者不可逆地向终末分化。从功能上讲，干细胞不是执行已分化细胞的功能，而是产生具有分化功能的细胞。具有增殖和自我更新能力以及在适当条件下表现出一定的分化潜能是干细胞最基本的特点。

在整个发育过程中，细胞的全能性逐渐受到限制而变窄，即逐渐由全能性细胞转化为多能和单能干细胞。但对于细胞核而言仍然保持着全能性，这是因为细胞核内含有保持物种遗传性所需要的全套遗传物质。1997 年将羊的乳腺细胞的细胞核植入去核的羊卵细胞中，成功地克隆了"多莉"羊，进一步证明了即使是终末分化的细胞，其细胞核也具有全能性。然而与植物细胞不同，高等动物的体细胞至今仍不能形成一个完整的个体，它不仅显示高等动物细胞分化的复杂性，而且也说明卵细胞的细胞质对细胞分化的重要作用。

近年来，在体外由胚胎干细胞诱导分化成造血干细胞、神经细胞、肌肉细胞以及神经干细胞可诱导分化成各种血细胞等一系列的研究结果，不仅加深了对细胞全能性和细胞分化机制的了解，而且在细胞治疗以及组织与器官移植的组织工程的研究与实践中都具有重要意义。

【相关链接】　克隆技术

克隆技术的应用十分广泛。首先它是园艺业和畜牧业选育优质植物及良种家畜的理想手段；其次，它是拯救濒危动物和保护生物多样性的有效途径；另外，在医学领域，它是制造人体器官和组织的最佳方法。例如，美国有个被烧伤的妇女，她皮肤的 75% 都已被烧坏。医生从她身上取下一小块健康的皮肤，采用克隆技术，培植出一大块健康的皮肤。患者经植皮后很快就痊愈了。这一新成就避免了异体植皮可能出现的排异反应。科学家们预言，在不久的将来他们将利用克隆技术制造出心脏、动脉等更多的人体器官和组织，为急需移植器官的病人提供保障。此外，克隆技术还可用来繁殖许多有价值的基因，生产名贵的药品。例如，利用基因重组，可以克隆出人类不易生产的各类激素，如治疗糖尿病的胰岛素、促进人体长高的生长素、能抗多种病毒感染的干扰素等。

相信通过科学家们不懈地努力和探索，人类将会在更广阔的领域内，享受克隆技术带来的无限快乐。

二、细胞分化的机理

1. 细胞分化与基因表达

通过体细胞的有丝分裂，细胞的数量越来越多。与此同时，这些细胞又逐渐向不同方向发生了分化，分化细胞间的主要差别是合成的蛋白质种类不同。而蛋白质是由基因编码的，所以合成的蛋白质不同，主要是表达的基因不同，由于细胞内各个基因的活性有差别，不同基因在不同时间不同条件下被激活，从而形成不同结构的化学物质。细胞分化是基因选择性表达的结果，不同类型的细胞在分化过程中表达一套特异的基因，其产物不仅决定细胞的形态结构，而且执行各自的生理功能。

根据基因同细胞分化的关系，可以将基因分为两大类。一类是管家基因，是维持细胞最低限度功能所不可少的基因，如编码组蛋白基因、核糖体蛋白基因、线粒体蛋白基因、糖酵解酶的基因等。这类基因在所有类型的细胞中都进行表达，因为这些基因的产物对于维持细胞的基本结构和代谢功能是必不可少的。另一类是组织特异性基因或称奢侈基因，这类基因与各类细胞的特殊性有直接的关系，是在各种组织中进行不同的选择性表达的基因，如表皮的角蛋白基因、肌细胞的肌动蛋白基因和肌球蛋白基因、红细胞的血红蛋白基因等。

2. 基因表达的调节

每种类型的细胞分化是由多种调控蛋白共同调控完成的，通过组合调控的方式启动组织特异性基因的表达是细胞分化的基本机制。对于真核细胞，特别是由数百种不同类型的细胞构成的高等动植物，其基因表达和调控更多地表现在细胞分化和细胞团体的协同与稳定，细胞分化的本质是基因选择性表达的结果。当然，真核生物基因的选择性表达不仅导致了细胞分化，同时也维持了各种不同类型细胞的正常功能。

由于特定蛋白质的合成是由若干步骤组成的，所以真核细胞基因表达的调控是多级调控系统，其调控发生在多种水平上，受各种因素的影响。

（1）转录水平的调控　转录控制是真核生物控制基因表达的重要调控方式，通过转录调控，控制着基因在不同组织中进行差异表达，决定某个基因是否会被转录以及转录的频率。

近几年，通过实验比较哺乳动物不同组织细胞核中合成 RNA 的差异获得了转录调控的直接证据。例如，肝组织和脑组织的功能是不同的，功能的不同主要是由于两种组织的蛋白质的不同所致。当然，这两种组织中也有很多蛋白质是相同的，它们是管家基因的产物。实验证明，两种组织的差异蛋白是由于细胞核中转录的 mRNA 的种类有差异，因而造成了差异转录的结果。真核细胞在特定时间通过差别基因转录选择性地合成蛋白质，转录水平的调控包括转录起始的激活和转录的阻抑。

在影响果蝇发育突变的研究中，发现了一些有关控制动物体态形成的基因，其中最重要的是同源异型基因。如果此类基因发生了突变，就会在胚胎发育过程中出现特别奇怪的现象：某一器官异位生长，即本来应该形成的正常结构被其他器官取代了。例如，果蝇触角基因的突变，导致果蝇的一对触角被两条腿所取代；或发生双胸突变，多长出了一对翅膀。虽然这种现象在自然界极少发生，但可以提示触角基因在胚胎发育中的正常功能是帮助体表结构的正确形成，如发生突变可致使身体某一部分的性状特征在其他部位出现，并有可能干扰机体各部分的正常发育。

（2）加工水平的调控　真核基因转录产物要通过加工成为成熟的 mRNA，然后向细胞质运送。RNA 转录物加工的调节，分为两种类型：简单的转录单元，只能加工形成一种mRNA；复杂的转录单元，可以加工形成几种不同的 mRNA，表达不同的产物。对转录产物加工的控制，也是在 RNA 加工水平上调节基因表达的重要方式。

（3）翻译水平的调控　是决定某种 mRNA 是否会真正得到翻译以及翻译的频率和时间的长短。翻译水平的调控机制，一般都是通过细胞质中特异的 mRNA 和多种蛋白质之间的相互作用来实现的。涉及 mRNA 的细胞质定位、mRNA 翻译的调控和 mRNA 稳定性的调控等。

红细胞血红蛋白的翻译控制就是典型的控制蛋白质合成速度的例子，是一种非特异性的调控。红细胞在发育过程中合成珠蛋白要依赖于血红素，发育中的红细胞合成珠蛋白的速率很高，但是，如果细胞中没有足够的血红素，合成的珠蛋白就会有浪费，因为珠蛋白只有同血红素结合形成血红蛋白后才有用。于是，红细胞形成了一种机制，根据血红素的多少来控制珠蛋白的合成，这对细胞生存是有利的。

而铁蛋白翻译的控制则是细胞在 mRNA 水平特异性控制某一基因表达的典型例子。细胞中游离铁离子浓度过高时对细胞具有毒害作用，而铁蛋白可以螯合细胞质中的游离铁离子从而保护细胞。铁蛋白的翻译受一种阻抑蛋白的调节，而这种阻抑蛋白的活性状态与细胞质中游离铁浓度有关。

调节铁蛋白合成的阻抑蛋白有两个结合位点，一个是铁离子结合位点，另一个是同铁蛋白 mRNA 5′端铁效应元件（IRE）结合位点。当细胞质中铁离子的浓度较低时，阻抑蛋白不与铁结合而是与铁蛋白 mRNA 5′端铁效应元件结合，从而阻止了铁蛋白 mRNA 的翻译；当细胞中铁的浓度升高对细胞产生危害时，游离铁同阻抑蛋白的铁结合位点结合，使阻抑蛋白脱离 IRE，从而使铁蛋白 mRNA 得以翻译。

三、影响细胞分化的因素

多细胞有机体在其分化程序与调节机制方面比单细胞生物显得更为复杂，涉及很多影响因素，而细胞中组织特异性基因（tissue-specific genes）的选择性表达主要是由调控蛋白启动的，因此，调控蛋白的组合是影响细胞分化的主要因素。

然而，细胞内外的环境如胞外信号分子、细胞的记忆与决定、受精卵细胞质的不均一性、细胞间的相互作用与位置效应、环境对性别的决定等影响因素又直接地影响着调控蛋白的组合。

1. 胞外信号分子

研究发现，在早期胚胎的发育过程中，一部分细胞会影响周围细胞使其向一定方向分化，这种近距离细胞间的相互作用称为胚胎诱导（embryonic induction），或称近端组织的相互作用。例如在眼的发育中就存在逐级诱导过程，早期的视泡诱导与之接触的外胚层上皮细胞发育成晶状体，又在视泡和晶状体的共同诱导下使外面的表皮细胞形成了角膜。如把早期的视泡移植在头部的其他部位，同样可诱导与之接触的外胚层发育成晶状体。近端组织的相互作用是通过细胞旁分泌产生的信号分子旁泌素（又称细胞生长分化因子）来实现的。

而随着机体发育，细胞数目增加，机体体积增大，结构逐渐复杂，在细胞之间的分化调节方式中，除了相邻细胞之间的作用外，对远距离细胞的分化调节出现了一种新方式，即激素作用方式。

激素对细胞分化的作用出现在发育的晚期，所以激素引起的反应是按预先决定的分化程序进行的，其作用主要是引起靶细胞进行分化。例如，激素和某些因子对哺乳动物性别分化的调节。在发育的早期阶段，雄性和雌性表型从外形上看还无法区别，性分化最早可见的现象发生在胚胎第9周，主要是合成一些特殊的细胞因子和激素。又如，在蝌蚪的变态过程中，尾部退化及前后肢形成等变化是由甲状腺分泌的甲状腺素和三碘甲状腺氨基酸的分泌增加所致。人体血细胞的定向分化也受到多种胞外细胞因子的调控。

2. 细胞记忆与决定

细胞分化的主要特征是细胞出现不同的形态结构和合成组织特异性蛋白质，演变成特定表型的类型。而分化中最显著的特点是分化状态的稳定性，特别是在高等真核生物中，分化状态一旦建立即是十分稳定的，并能遗传给许多细胞世代。一般的细胞生物活动引起的变化，如激素引起的变化，当刺激作用消失后，细胞又回到原来状态。细胞分化则不同，它不会自发的逆转。这是因为细胞的记忆与决定影响着细胞中组织特异性基因的选择性表达。

刺激细胞分化的信号分子有效作用时间虽然是短暂的，但是细胞可以将这种短暂的作用储存起来并形成长时间的记忆，逐渐向特定方向发展。研究人员曾将果蝇幼虫的成虫盘细胞（初级分化的细胞群）植入成虫体内，连续移植9年，细胞增殖多达1800代，然后将这种成虫盘细胞再移植回幼虫体内，细胞依然没有失去记忆照例发育成相应的器官。

细胞记忆可能是通过两种方式实现的：一是正反馈途径，即细胞接受信号刺激后，活化转录调节因子，该因子不仅诱导自身基因的表达，还诱导其他组织特异性基因的表达；二是染色体结构变化的信息传到子代细胞，如同两条X染色体中，其中一条始终保持凝集失活状态并且可以在细胞世代间稳定遗传一样。这些关于细胞记忆的机制同样可用来解释某些能够继续增殖的终末分化细胞，如平滑肌细胞和肝细胞分裂后只能产生与亲代相同的细胞类型。

细胞的决定与细胞的记忆有关，细胞决定是指在发育中一个细胞接受了某种指令后，这一细胞及其子代细胞将区别于其他细胞而分化成某种特定的细胞类型，从而确定了未来的发育命运。如在绝大多数情况下，受精卵通过细胞分裂直到形成囊胚前，细胞的分化方向尚未决定。自从原肠胚细胞排列成三胚层后（原肠胚是由囊胚细胞迁移、转变形成的，由外胚层、中胚层、内胚层构成），各胚层在分化潜能上开始出现一定的局限性，只倾向于发育为本胚层的组织器官。外胚层只能发育成神经、皮肤和腺体等；中胚层只能发育成肌肉、骨、血和结缔组织等；内胚层分化成的上皮覆盖在组织的内表面，只能发育成胃肠和相关的腺体等。三胚层的分化潜能虽然进一步局限，但这时仍具有发育成多种表型的能力，即是多能细胞。经过器官发生，各种组织的发育命运最终决定，在形态上特化，在功能上专一化。胚胎发育过程中，这种逐渐由全能局限为多能，最后成为稳定型单能的趋向，是细胞分化的普遍规律。细胞决定可以看做是分化潜能逐渐限制的过程，决定先于分化。

一般胚胎细胞一旦决定，沿着特定类型进行分化的方向是稳定的，但在果蝇中也发现了某种突变体或在培养的成虫盘细胞中有时会出现不按已决定的分化类型发育，而是生长出不是相应的成体结构，这种现象叫转决定。转决定与基因突变不同，它是一群细胞而不是单一细胞发生变化。转决定的细胞可以回复到决定的原初状态，但更多的是突变成其他类型的结构，如触角成虫盘细胞变为翅或腿等。

3. 受精卵细胞质的不均一性

由于细胞具有记忆能力，随着分化信息不断积累使之成为"决定"了的细胞，这种与分化细胞相关的信息在很多动物中可以上溯至受精卵。在很多物种中，决定细胞向某一方向分化的初始信息储存于卵细胞中，卵裂后的细胞所携带的信息已开始有所不同，这种区别又通过信号分子影响其他细胞产生级联效应。这样，最初储存的信息不断被修饰并逐渐形成更精细、更复杂的指令，最终产生分化各异的细胞类型。

在卵母细胞的细胞质中除了储存有营养物质和多种蛋白质外，还含有多种 mRNA，其中多数 mRNA 与蛋白质结合处于非活性状态，成为隐蔽 mRNA，不能被核糖体识别且在卵细胞质中呈不均匀地分布。随着受精卵早期细胞的分裂，少数隐蔽 mRNA 被激活并不均一地分配到子细胞中去，从而也将决定未来细胞分化的命运，产生分化方向的差异。

许多实验表明，细胞质能够影响细胞核的基因表达，卵母细胞中含有某些成分，这些成分控制基因表达的开关，对某些基因能激活，而对另外一些基因则起抑制作用。如鸡的红细胞是终端分化细胞，它的细胞核染色质是高度凝聚的，不合成 RNA 或 DNA。当鸡红细胞与培养的人 HeLa 细胞（去分化的癌细胞）融合后，核的体积增大 20 倍，染色质松散，出现 RNA 和 DNA 合成，鸡红细胞核的重新激活是由于 HeLa 细胞的细胞质调节的结果。

4. 细胞间的相互作用与位置效应

多细胞生物的细胞是生活在细胞社会之中的，所以，各细胞群体必然要建立起相互协调的关系，这样才能形成具有正常形态和有协调关系的生命活动的个体。因此，细胞的分化方向除了细胞质具有决定作用外，相邻细胞间的相互关系也有重要影响。

动物在一定的胚胎发育时期，一部分细胞影响相邻细胞使其向一定方向分化的作用称为胚胎诱导或分化诱导。能对其他细胞的分化起诱导作用的细胞称为诱导者或组织者，这一现象是通过移植实验发现的。如将正常情况下能够发育成神经组织的细胞从两栖类原肠期的早期胚胎中切下，移植到另一个胚胎的可以发育成表皮组织的区域中，结果移植来的细胞发育成了表皮组织而不是神经组织。同样，将可以发育成表皮组织的细胞移植到可以发育成神经组织的胚胎中，移植的细胞发育成了神经组织。当然，条件的不同对细胞分化能力的改变具有一定的限制。如果用晚原肠期的细胞进行上述相同的试验，其结果完全不同，将神经组织的细胞放在胚胎的能够发育成表皮组织的部位将不会发育成表皮组织，而是发育成神经组织，反之亦然。

胚胎诱导一般发生在内胚层和中胚层或外胚层和中胚层之间。在三个胚层中，中胚层首先开始独立分化，对相邻内胚层、外胚层细胞的分化诱导出现较早，作用较强。细胞诱导的机制涉及细胞与细胞的接触、细胞与基质的接触、信号分子的扩散等，可能是通过某些化学诱导物实现的。

实验证明，细胞所处的位置不同对细胞分化的命运也有明显的影响。改变细胞所处的位置可导致细胞分化方向的变化，这种现象称位置效应。位置信息是产生效应的主要原因。科学家通过对鸡肢芽发育的研究，肯定了位置信息在形态发生中的作用。鸡胚胎的腿和翅，开始是由一小团中胚层发育形成肢芽，肢芽早期为舌形突起，内部为中胚层来源的间叶组织，表面覆盖着外胚层表皮。当肢芽逐渐长长时，肢芽就会发育成适当的骨组织，并在肢芽的末端形成趾。在正常的发育过程中，鸡翅会形成 3 个趾（姑且将脚趾编号为 2、3、4）。指导肢形成的位置信息是由中胚层组织的一小块区域（极性激活区）发出的，它位于肢芽的后端附近。如果将此处的组织移植到另一个肢芽的前端，则会形成两个 3 趾，且互为镜像（脚趾编号依次为 4、3、2、2、3、4）。这就是位置信息对发育的影响。

5. 环境对性别决定的影响

性别决定是细胞分化和生物个体发育研究领域的重要课题之一。目前人们对环境影响性别的机制还不清楚，但一些实例又无疑表明，环境因素对细胞分化是可以产生影响的，并进而影响到生物的个体发育。这些影响因素又都是通过细胞自身的遗传机构发挥作用的。其中典型的例子是许多爬行动物，例如，有一种蜗牛类的软体动物，它们的性别取决于个体间上下相互叠压的位置关系，位于下方的个体发育为雌性，而位于上方的个体发育为雄性。另有一类蜥蜴类动物，在较低温度条件下（24℃）全部发育为雌性，而温度提高（32℃）则全部发育为雄性。

总的来说，个体发育中细胞分化的基础建立在细胞的内部，而外界因素只是影响细胞分化的条件。

四、癌细胞的生物学特征及其发生

1. 癌细胞的特征

癌细胞（cancer cell）与正常细胞在结构以及化学性质上都有很大的不同，癌细胞实际上是一些细胞不能正常地完成分化，不受有机体控制，连续进行分裂的恶性增殖细胞。具体来说，动物体内细胞分裂调节失控而无限增殖的细胞称为肿瘤细胞，具有侵袭和转移能力的肿瘤称为恶性肿瘤，上皮细胞来源的恶性肿瘤称为癌。目前癌细胞已作为恶性肿瘤细胞的通用名称。癌细胞与正常分化细胞不同的一点是，不同类型的分化细胞都具有相同的基因组，而癌细胞的细胞类型与特征相近，但基因组却发生了不同形式的突变。随着环境因素的影响，基因突变率提高，细胞癌变的概率也随之增加。因此，对癌细胞形成与特征的了解不仅有助于了解细胞增殖、分化与死亡的调节机制，更重要的是为彻底治疗癌症提供了线索和希望。癌细胞的主要特征如下。

（1）无限地分裂增殖　在适宜的条件下，癌细胞能够无限增殖，细胞的生长与分裂失去了控制。在人的一生中，体细胞能够分裂 50～60 次，而癌细胞却不受限制，可以长期增殖下去形成恶性肿瘤。结果破坏了正常组织的结构与功能，打破了正常机体中稳定的动态平衡。

（2）癌细胞的形态结构发生了变化　癌细胞细胞核的显著变化就是染色体的变化。正常细胞在生长和分裂时能够维持二倍体的完整性，而癌细胞常出现非整倍性，有染色体的缺失或增加。一般而言，正常细胞中染色体整倍性的破坏，会激活导致细胞凋亡的信号，引起细胞的程序性死亡。但是癌细胞染色体整倍性的破坏，对细胞凋亡的信号已不再敏感。这也是癌细胞区别于正常细胞的一个重要指标。

（3）癌细胞膜上的糖蛋白等物质减少　一些恶性肿瘤常会合成和分泌一些蛋白酶，降解细胞的某些表面结构，使细胞表面蛋白减少，从而降低了细胞彼此之间的黏着性。正因为癌细胞失去了黏着特性，导致癌细胞具有在有机体内分散和转移的能力。这是癌细胞的基本特征。

（4）细胞间失去了间隙连接，相互作用改变　正常细胞通过间隙连接与其周围细胞保持代谢偶联和电偶联，这对于细胞和组织的生长控制具有重要作用。研究发现，癌细胞的间隙连接减少，如将荧光染料注入正常的细胞后，染料很快向周围细胞扩散，但是将荧光染料注入癌细胞，则只停留在被注射的细胞内，这一实验说明癌细胞之间的通讯连接有了缺陷。这样，同一组织内的细胞间就失去了通讯联系，逃避了免疫监视作用，丧失了被天然杀伤细胞识别和攻击的能力，整个组织失去了协调性。

（5）细胞死亡特性改变　当正常细胞在生长因子不足、受到毒性物质伤害、受到 X 射线照射、DNA 损伤等不利情况时，就会启动程序性细胞死亡，让这些细胞进入死亡途径，避免分裂产生缺陷细胞。但是，癌细胞丧失了程序化死亡机制，这也是导致癌细胞过度增殖的主要原因之一。

（6）失去生长的接触抑制 正常细胞在体外培养时，细胞通过分裂增殖形成彼此相互接触的单层，只要铺满培养皿后就停止分裂，此现象称接触抑制或对密度依赖性生长抑制。在相同条件下培养的恶性细胞对密度依赖性生长抑制失去敏感性，因而不会在形成单层时停止生长，而是相互堆积形成多层生长的聚集体（图 10-2）。这种现象也说明恶性细胞的生长和分裂已经失去了控制，调节细胞正常生长和分裂的信号对于恶性细胞已不再起作用。

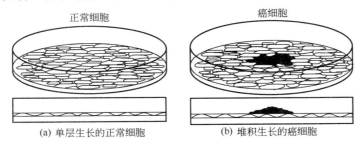

正常细胞　　　　　　　　癌细胞

(a) 单层生长的正常细胞　　　　　(b) 堆积生长的癌细胞

图 10-2　正常细胞与癌细胞生长特性比较（引自 Karp，1999）

2. 癌基因与抑癌基因

细胞发生癌变有其自身的原因。癌的发生涉及两类基因：肿瘤抑制基因（tumor suppressor gene）与癌基因（onco gene）。肿瘤抑制基因是细胞的制动器，它们编码的蛋白质抑制细胞生长，并阻止细胞癌变。在正常的二倍体细胞中，每一种肿瘤抑制基因都有两个拷贝，只有当两个拷贝都丢失了或两个拷贝都失活了才会使细胞失去增殖的控制，只要有一个拷贝是正常的，就能够正常调节细胞的周期。从该意义上说，肿瘤抑制基因的突变是功能丧失性突变。相反，癌基因则是细胞加速器，它们编码的蛋白质使细胞生长不受控制，并促进细胞癌变。大多数癌基因都是由于细胞生长和分裂有关的正常基因（原癌基因）突变而来。现代研究表明，在生物体细胞中，普遍存在着原癌基因，在正常情况下，原癌基因处于抑制状态，表达水平较低，但却是正常细胞生长、增殖必不可少的，但在某些致癌因子的影响下（如紫外线照射），原癌基因过度表达或蛋白质产物功能改变，就有可能从抑制状态转变为激活状态成为癌基因。这样，正常的细胞就会发生癌变。

【相关链接】 肿瘤是一种基因性疾病，所有的肿瘤都与基因的改变有关，但肿瘤与先天性遗传疾病不同，后者是缺陷基因通过性细胞传递到子代而发病，而肿瘤主要是体细胞后天获得性 DNA 的改变导致细胞无节制地增殖，这种增殖不断侵袭周围正常组织导致疾病。只要生长的肿瘤保持局部性，就可通过外科手术将良性肿瘤切除进行治疗。良性肿瘤和恶性肿瘤细胞的最主要区别是：恶性肿瘤细胞（癌细胞）的细胞间黏着性下降，具有浸润性和扩散性，易于突破其所在环境的束缚，浸润周围健康组织，或进入淋巴管或血管在体内转移，在新的部位产生致死性的二级肿瘤，增加了人类癌症治愈的难度。

引起癌细胞发生的原因很多，大致分为 4 种类型：辐射、化学因素、病毒和遗传。物理致癌因子主要是指一些高能量的物理变化，如长期接触放射性物质电离辐射、X 射线、紫外线等，主要通过辐射致癌。前苏联的切尔诺贝利核电站发生事故后，大量放射性物质泄漏，使当地群众中的癌变人数大大增加，这就是物理因子致癌的结果。化学致癌因子主要指一些化合物，如砷、苯、煤焦油等，香烟中含有煤焦油，所以吸烟的人患肺癌的比例远远高于不吸烟的人。病毒致癌因子是指某些病毒能使细胞癌变，这种病毒统称为肿瘤病毒和致癌病毒，现已发现有 150 多种病毒可以引起动物或植物产生肿瘤。由于人类生活在一个十分复杂的环境中，而且所接触到的各种致癌物随着工业的发展而发生不断的变化，所以很难确切地得出癌与致癌物的关系。由于各人的生理和心理素质不同，生活习性不同，对癌的易感性也是不同的。人饮食中的某些成分，如动物脂肪、乙醇等可提高癌的发病率；而水果和蔬菜中的某些成分则有利于降低癌的易感性等。因此，为了防止正常细胞癌变，应尽量避免接触各种致癌因子，注意增强体质，养成良好的生活习惯，保持健康的心态等。

第二节　细胞衰老

　　在生物体内，大多数细胞都要经历未分化到分化、分化到衰老、衰老到死亡的历程，衰老是机体在退化时期生理功能下降和紊乱的综合表现，是不可逆的生命活动。因此，同新陈代谢一样，细胞衰老是生物体中发生的正常生命现象。但是，细胞衰老的过多过快对生物的正常生命活动和生存却是不利的。

　　细胞也同生物体一样，有一定的生命，体内总有细胞不断地衰老与死亡，同时又有细胞的增殖与新生进行补充。这不仅发生在胚胎发育过程中，在成年体内的各组织器官中也有。

一、Hayflick 界限

　　细胞衰老是细胞的一种重要生命活动现象。然而对细胞衰老的认识却经历了一个曲折而漫长的过程，由早期细胞"不死性"的观点发展到现今被普遍接受的细胞增殖能力和寿命有限的观点。

　　20 世纪 60 年代初，Hayflick 等人的研究证实：细胞，至少是培养的细胞，不是不死的，而是有一定的寿命；细胞的增殖能力不是无限的，而是有一定的界限，这就是著名的 Hayflick 界限。他们的工作是对细胞"不死性"学说的彻底否定。

　　研究发现，物种寿命与培养细胞之间存在着正相关的关系，即物种寿命愈长，其培养细胞的传代次数愈多；反之，其培养细胞的传代次数愈少。例如 Galapagos 龟平均最高寿命可达 175 岁，其培养细胞的传代数亦达 90～125 次；小鼠平均最高寿命为 3.5 年，其培养细胞的传代次数亦少，仅 14～28 次。此外，Hayflick 等还发现，从胎儿肺得到的成纤维细胞可在体外条件下传代 50 次，而从成人肺得到的成纤维细胞只能传代 20 次，可见细胞的增殖能力与供体年龄也有关。又如，用年轻的细胞胞质体与年老的完整细胞融合时，得到的杂种细胞不能分裂；而年老的细胞胞质体与年轻的完整细胞融合时，杂种细胞的分裂能力与年轻细胞几乎相同。

　　很多实验的结果都说明，对于在体外培养的二倍体细胞，是细胞核而不是细胞质决定了细胞衰老的表达。就细胞内外环境因素而言，是细胞内部因素决定细胞的衰老，即衰老的原因在于细胞本身。衰老的细胞分裂速度减慢，其原因主要是 G_1 期明显延长，S 期的长度变化不大。总之，在活的有机体内，细胞的衰老和死亡是常见的生命活动现象。

二、衰老细胞的特征

　　细胞衰老过程是细胞的生理与生化发生复杂变化的过程，主要表现是细胞对环境变化的适应能力和维持细胞内环境恒定能力的降低，最终反映在细胞的形态、结构和功能上发生了变化，衰老细胞具有的主要特征如下。

1. 水分减少

　　衰老细胞常发生水分减少的现象，结果使细胞脱水萎缩、体积变小，失去正常的球形。

细胞内水分减少的原因可能是由于构成蛋白质亲水胶体系统的胶粒受时间或其他因素的影响，逐渐失去电荷而相互聚集。胶体失水，胶粒的分散度降低，不溶性蛋白质增多，导致细胞硬度增加，新陈代谢的速度减慢而趋于老化。

2. 色素逐渐积累增多

如细胞内脂褐素（也称老年色素）会在衰老个体神经元的胞浆中沉积增加，老人的体表就会出现老年斑。脂褐素尤其在分裂指数低或不分裂的细胞，如肝细胞、肌细胞和神经细胞中的积聚更为明显。随着脂褐素占有面积的增大，阻碍了细胞内物质的交流和信息的传递，影响到细胞正常生理功能的进行，最后导致细胞的衰老和死亡。

3. 化学组成与生化反应的改变

在细胞衰老过程中，与细胞正常生长有关的蛋白质合成速度降低，而一些与细胞衰老有关的蛋白质如纤粘连蛋白、胶原蛋白却大量合成。此外，有些酶的活性降低。例如，由于人的头发基部的黑色素细胞衰老，细胞中的酪氨酸酶的活性也随之降低，就会导致头发变白。

4. 细胞质膜的流动性降低

如细胞膜通透性功能改变，导致细胞质膜的流动性即物质运输功能降低。随着年龄的增大，膜结构中的磷脂含量逐渐下降，使质膜中胆固醇与磷脂的比值升高。但磷脂中不饱和脂肪酸含量及卵磷脂与鞘磷脂的比值却随年龄的增高而下降，使得细胞质膜的黏性增加，流动性降低。再加上质膜发生脂质过氧化反应，使细胞的兴奋性降低，离子转运的效率下降以及对内源性和外源性刺激的反应也随之迟钝。

5. 线粒体数量减少

研究结果表明，普遍存在于动物和植物细胞中的线粒体数量，随着年龄的增大而减少，其体积却随着年龄的增大而膨大，严重影响了细胞的有氧呼吸。

6. 染色质固缩，染色加深，细胞核增大，细胞呼吸速度减慢

衰老的细胞内呼吸速度减慢，细胞核体积增大，染色质固缩、染色加深。细胞核结构在衰老变化中最明显的是核膜内折。在体内细胞中也观察到核膜不同程度的内折，神经细胞尤其明显，这种内折随年龄增长而增加，最后可能导致核膜崩解。染色质固缩化是衰老细胞核中另一个重要变化。除培养细胞外，体内细胞，如在老年果蝇的细胞中都可以观察到染色质的固缩化。染色体端粒的缩短则是衰老细胞中最为显著的变化。

三、细胞衰老的分子机制

人类为什么会老化？细胞衰老的机理是什么？这类问题历来是研究人员最感兴趣的课题之一。近些年来，医学界涌现出了十几种关于衰老机理的学说，它们从各个角度揭示了人类老化的某种机理。这些衰老学说，最具代表性的有以下5种。

1. 自由基理论

世界上的物质，包括人体，都是由分子构成的，分子则是由原子构成的。当两个原子A和B以共价键结合成一个共价分子A∶B时，每个原子各自给出等量的电子绕对方和自己旋转。如果共价键中配对电子因故欠一个或加一个时，原来完整的分子就成了残缺不全的碎片。这种碎片化学上称为自由基（free radical）。

自由基也就是指那些在原子核外层轨道上具有不成对电子的分子或原子基团。自由基的种类很多，如氯原子自由基（·Cl）、甲基自由基（·CH_3）等。活性最强的是氧中心自由基，简称氧自由基（是由于氧原子上缺乏电子所致），包括超氧自由基（·O_2）、羟自由基（·OH）和H_2O_2。估计人体内总自由基的95％以上是氧自由基。

原子失去了电子，为了维持自己稳定，必须毫无顾忌地从别的原子那里"借贷"乃至抢夺电子。被它"借"、"抢"走电子的原子，马上又从其他原子那里以同样的方式得到电子。如此发生连锁反应，形成了连串的自由基，构成了人体内的电子"三角债"。即具有自由基的分子是一类高度活化的分子，当这种分子与其他物质反应时，自由基由于活性强（反应时得电子能力强），容易与细胞内的生物大分子发生氧化性的反应，使生物大分子受到伤害而对细胞及组织产生十分有害的生物效应，从而造成人体内一系列的退行性变化。

由此可见，细胞中的自由基若不能及时清除，众分子欠"电子债"累累，过多的自由基就会对许多细胞组分造成损伤。它们能使质膜中的不饱和脂肪酸氧化，从而使膜内酶的活性丧失、膜蛋白变性、膜脆性增加、膜结构发生改变，因而膜的运输功能紊乱以至丧失。它们还能将蛋白质中的巯基氧化而造成蛋白质发生交联、变性，使酶失活。另外，它们还能使DNA链断裂、交联、碱基羟基化、碱基切除等，从而对DNA造成损伤。有人认为在衰老的原因中，99％是由自由基造成的。据研究，氧自由基也是基因突变、癌症生长的元凶。人体的细胞核内有46条染色体，储存着所有的遗传基因。基因本身亦由分子组成，氧自由基也可能向它们夺取电子，从而使抗癌基因失去抗癌活性，潜伏的原癌基因被激活成为癌基因，癌魔便乘机出笼。

正常人体内由于自由基数量很少，机体本身又存在着自由基清除系统，可以最大限度地防御自由基的损伤，产生和消除保持着动态平衡，对人体不构成威胁。自由基清除系统包括酶促反应和非酶促反应两部分。酶促反应所需要的酶有谷胱甘肽过氧化物酶、超氧化物歧化酶（SOD）、过氧化物酶及过氧化氢酶。非酶促反应的作用物质主要为一些低分子的化合物，是一些抗氧化作用的物质，统称抗氧化剂，主要有谷胱甘肽、维生素C、β-胡萝卜素、维生素E、半胱氨酸、硒化物、巯基乙醇等。此外，细胞内部形成的自然隔离，也能使自由基局限在特定部位，如氧化反应产生的自由基主要在线粒体内，线粒体作为独立的细胞器可以很大限度地阻止自由基的扩散。

随着年龄的增长，细胞合成蛋白质的能力下降，也包括超氧化物歧化酶和过氧化氢酶合成数量的减少或合成了没有功能的超氧化物歧化酶和过氧化氢酶，机体清除自由基的能力下降或逐渐消失，自由基和过氧化氢就会积累，并且对细胞的蛋白质、DNA、细胞膜等进行攻击破坏。细胞在自由基的攻击下会死亡，这样，就会在老人的皮肤上见到老年斑，它是自由基对细胞破坏的见证。

在正常条件下，氧自由基是在机体代谢过程中产生的，细胞从外界吸收的氧中约有2％～3％变成了活性氧基团或分子。导致人体内氧自由基增多的因素很多，目前已知道的有：太阳紫外线、宇宙射线及各种放射性物质辐射、体内生化代谢紊乱、创伤、感染、吸烟、缺血和炎症反应等。人体内缺少某些营养素（如维生素A、维生素C、维生素E以及微量元素硒、铜、锌、锰等），也可以导致清除氧自由基的能力下降，从而使其在体内堆积起来。由于维生素E、维生素C等具有清除自由基的作用，所以适当补充这些物质能够弥补体内合成超氧化物歧化酶和过氧化氢酶的不足，达到延缓衰老的目的。当然，细胞衰老现象虽然可以延缓，但不能逆转。

衰老的自由基学说核心内容是：①衰老是由自由基（主要就是氧自由基）对细胞成分的有害进攻造成的；②维持体内适当的抗氧化剂和自由基清除剂的水平，可以延长寿命和推迟衰老。

2. 有丝分裂钟学说

分子生物学家发现，人在老化过程中，细胞内染色体中的端粒（俗称生物时钟）随着细胞的不断分裂而越变越短，当端粒长度缩短到一个阈值（临界长度）时，细胞就进入衰老。

人类染色体末端普遍存在端粒结构，其 DNA 由简单的串联重复序列组成。它们在细胞分裂过程中不能为 DNA 聚合酶完全复制，因而随着细胞分裂的不断进行而逐渐变短，除非有端粒酶的存在，端粒酶是一种核糖核蛋白酶，由 RNA 和蛋白质组成。端粒酶 RNA 是合成端粒 DNA 的模板，能催化端粒 DNA 的合成，而合成的端粒重复序列则加在染色体的末端。

各类细胞端粒长度各有差异，研究发现，端粒长度随年龄的增长而缩短，体细胞的端粒又比生殖细胞短。因为在人的生殖细胞中，存在有活性的端粒酶，端粒相对稳定且能保持一定的长度。而在高度分化的体细胞中，由于端粒酶的活性处于抑制状态，细胞分裂时 DNA 不完全复制而引起端粒 DNA 的少量丢失，不能靠端粒酶补偿，所以随着细胞分裂次数的增加，端粒不断缩短。由于端粒的缩短，靠近染色体两端的基因就有可能随端粒的缩短而缺失，引发染色体畸变，使突变发生。当端粒缩短到一定程度（临界长度）时达到了 Hayflick 极限，细胞不再分裂。少数细胞由于端粒酶被激活，端粒获得修复，从而越过临界点成为永生化细胞。

这一假说从一个侧面阐明衰老机制和癌变原理。现在这方面的研究成果已开始在西方运用于抗衰老治疗，并取得了很好的效果。

3. 线粒体 DNA 与衰老

目前最新的研究结果表明，人的衰老还和细胞内线粒体的突变比率有关，当这一比率超过 60% 时，细胞功能开始异常、衰老甚至死亡。研究中发现，细胞中线粒体的数量随着年龄的增大而减少，而体积则随着年龄的增大而增大，并证明了与衰老相关的 mtDNA 突变主要是缺失突变，其丢失频率随增龄而增加。总之，衰老期间人体中 mtDNA 出现异常，如老年糖尿病就与线粒体 DNA 损伤有关。这个细胞内供应能量的"动力工厂"的衰败，必将严重影响细胞的有氧呼吸。

线粒体 DNA 突变的积累对细胞衰老产生一定的影响，但这可能不是引起衰老的初始原因。实际上，mtDNA 的损伤缺失与自由基有极大的关系，mtDNA 是细胞中活性氧等自由基损伤的敏感靶靶。

4. 自身免疫学说

自身免疫学说认为，随着年龄的增长，自身抗体会增加，导致人体对异体的免疫能力下降，使得人对病原体的抵抗力和对自身癌变的监控力下降，从而导致人的衰老和死亡。

5. 神经内分泌学说

神经内分泌学说认为，内分泌激素（如生长激素 HGH 等）水平下降，细胞失去正常功能，才是老化的原因。国外临床证明，HGH 生长激素疗法确有极为明显的抗衰老效果。

科学家们认为，人是一种极为复杂的生物体，其生命发展规律不是某一种学说能完全解释的。现有的观点各有千秋，也相互补充，相互促进，他们都为人类认识自身生老病死的奥秘做出了贡献。

四、个体衰老与细胞衰老的关系

机体中各类细胞本身的寿命很不一样，一般来说，能够保持持续分裂能力的细胞是不容易衰老的，分化程度高又不分裂的细胞寿命却是有限的。表 10-1 列出了成年小鼠各类细胞的寿命。

表 10-1   成年小鼠各类细胞的寿命

接近或等于动物自身寿命的细胞	短于动物平均寿命的细胞	快速更新的细胞
神经元	肾上腺皮质细胞	皮肤表皮细胞
肾上腺髓质细胞	肾皮质细胞	口腔和胃肠道上皮细胞
骨细胞	唾液腺细胞	红细胞和白细胞
肌细胞	胰脏腺泡细胞及胰岛细胞	角膜上皮细胞
胃酶原细胞	胃壁细胞	
脂肪细胞	肝细胞	
肾髓质细胞		

从表 10-1 中可看出，第一类细胞的寿命接近于动物的整体寿命，如神经元、脂肪细胞、肌细胞等。一般认为此类细胞在机体出生后便不再分裂增生，数量也不会增加，只是随着机体的生长体积可增大，随着机体的衰老体积也会缩小，甚至死亡。因此，细胞数量也随年龄的增大而逐渐减少。表现为机体失去皮下脂肪、肌肉松弛萎缩、脑功能衰退等。第二类是缓慢更新的细胞，其寿命比机体的寿命短，如肝细胞、胃壁细胞等。肝细胞通常不分裂，但终生保留分裂能力，例如肝被部分切除后，剩余的肝细胞仍然能进行旺盛的同步分裂。第三类是快速更新的细胞，如皮肤的表皮细胞、红细胞和白细胞等，它们在正常情况下终生保持分裂能力。机体内这三类寿命不同的细胞，分工合作，组成统一的整体。一般来说，某些细胞如皮肤表皮细胞的大量死亡不至于使机体死亡，只有当与个体生命休戚相关的细胞如神经细胞、心肌细胞大量死亡时，才造成对生命的威胁。

20 世纪 90 年代以来，科学家们提出了众多有关衰老起因的观点和学说，但由于衰老是一个十分复杂的生命现象，受到多种因素包括环境因素和体内因素的影响，任一角度的阐述都难以使衰老机理得到圆满解释，因而目前仍未形成较为一致的论点。

第三节   细 胞 凋 亡

一、细胞凋亡的概念与其生物学意义

细胞凋亡也称为程序性细胞死亡（programmed cell senescence），是指为了维持细胞内环境稳定，由基因控制的细胞自主的有序性死亡。它涉及一系列基因的激活、表达以及调控等作用，是一个由基因决定的自动结束生命的过程，因而具有生理性和选择性。细胞凋亡的概念源自于希腊语，原意是指树叶和花的自然凋落。而细胞发生程序性死亡时，就像树叶和花的自然凋落一样，凋亡的细胞散在于正常组织细胞中，不会引起细胞的炎症反应，不遗留疤痕。死亡的细胞碎片很快被巨噬细胞或邻近细胞清除，不影响其他细胞的正常功能。

细胞凋亡普遍存在于动物和植物的生长发育过程中，对于多细胞生物个体发育的正常进行起着非常重要的作用。在生物体的发育过程中，在成熟个体的组织中，细胞的自然更新就是通过细胞凋亡来完成的。例如在健康人体的骨髓和肠组织中，细胞发生凋亡的数量是惊人的，每小时约有 10 亿个细胞凋亡。在胚胎发育过程中，细胞凋亡对形态建成也起着重要的作用。如手和足的成形过程实际上就伴随着细胞的凋亡，手指和脚趾在发育的早期是连在一起的，通过细胞凋亡使一部分细胞进入自杀途径才逐渐发育为成形的手和足（图 10-3）。

生物发育成熟后一些不再需要的结构也是通过细胞凋亡加以缩小和退化的。例如蝌蚪的尾巴就是靠细胞凋亡消除的（图 10-4）。

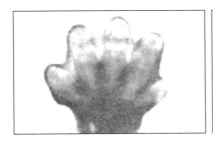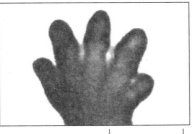

(a) 开始时脚趾是相连在一起的　　(b) 经细胞凋亡使脚趾分开

图 10-3　细胞凋亡在小鼠脚趾形成中的作用（引自 Alberts 等，1998）

图 10-4　在蝌蚪向蛙发育的过程中细胞凋亡的作用（引自 Alberts 等，1998）

细胞凋亡不仅参与形态的建成，而且能够调节细胞的数量和质量。例如在神经系统的发育过程中，神经细胞必须通过竞争获得生存的机会。在胚胎中产生的神经细胞一般是过量的，只有通过竞争获得足够生存因子的神经细胞才能生存下去，而其他的神经细胞将会经过细胞凋亡而消失。淋巴细胞的克隆选择过程中，细胞凋亡更是起着关键的作用。当然，细胞凋亡的失调即不恰当的激活或抑制也会导致疾病，如各种肿瘤、艾滋病以及自身免疫病等。

总之，动植物机体是依靠对细胞增殖和细胞周期的正负调控以及对细胞凋亡的正负调控来维持细胞总数的平衡和机体的生命活力。由于细胞凋亡在有机体生长发育过程中具有极其重要的意义，因而对它的研究受到人们广泛的关注。

二、细胞凋亡的形态学和生物化学特征

1. 细胞凋亡与坏死

细胞死亡的一般定义是细胞生命现象不可逆的停止。细胞死亡有两种形式：一种为坏死性死亡，是由外部的化学、物理或生物因素的侵袭而造成的细胞崩溃裂解；另一种为程序性死亡，即细胞凋亡，是细胞在一定的生理或病理条件下按照自身的程序结束其生存。细胞凋亡与细胞坏死有 3 个根本的区别。

（1）死亡的原因不同　物理性或化学性的损害因子以及缺氧与营养不良均导致细胞坏死，而凋亡细胞则是由基因控制的。

（2）死亡的过程不同　坏死细胞的质膜发生渗漏，致使细胞肿胀，细胞器变形或肿大。而在细胞凋亡过程中，细胞不会膨胀、破裂，而是收缩并被割裂成膜性小泡后被吞噬。具体说是细胞膜发生反折，包裹了断裂的染色质片段或细胞器后逐渐分离，形成众多的凋亡小体（apoptotic body），凋亡小体又为邻近的细胞所吞噬。

（3）在细胞坏死的过程中，细胞膜发生裂解渗漏使内容物释放到胞外，导致炎症反应，并在愈合的过程中常伴随组织器官的纤维化形成疤痕。而在细胞凋亡的过程中，细胞膜的整体性保持良好，细胞没有被完全裂解，死亡细胞的内容物不会逸散到胞外环境中去，即整个细胞凋亡过程中内含物不泄漏，不会引起细胞炎症反应，这是细胞凋亡与坏死的最大区别（图 10-5）。

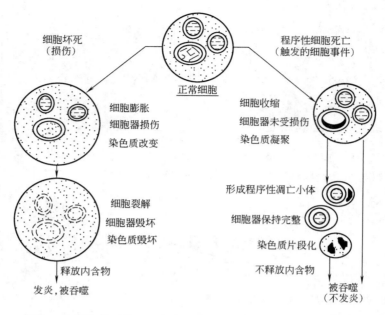

图 10-5 　细胞的两种死亡方式及其比较（引自 Alberts 等，1998）

2. 细胞凋亡的形态及特征

细胞凋亡具有明显的形态学特征，包括细胞变圆，染色质凝聚、分块，胞质皱缩，凋亡小体的出现等。

核 DNA 在核小体连接处断裂成核小体片段，并浓缩成染色质块，随着染色质不断凝聚，核纤层断裂消失，核膜在核孔处断裂成核碎片。由于不断脱水，细胞质不断浓缩，细胞体积减小。整个细胞通过发芽、起泡等方式形成一些球形的突起，并在其基部绞断而脱落，从而产生了大小不等的内含胞质、细胞器及核碎片的凋亡小体。最后，凋亡小体被周围细胞吞噬和降解（图 10-6）。

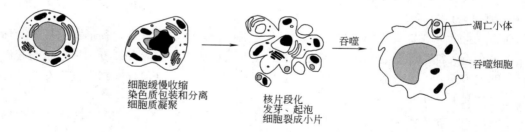

图 10-6 　凋亡细胞的形态结构变化（引自 Karp，1999）

细胞凋亡的过程可分三个阶段：一是凋亡的起始；二是凋亡小体的形成；三是凋亡小体逐渐为邻近的细胞所吞噬并消化。从细胞凋亡开始到凋亡小体的出现才数分钟，而整个细胞凋亡过程可能延续 4～9h。

3. 细胞凋亡的生物化学特征

凋亡细胞形成的最突出的生物化学特征是染色质 DNA 发生核小体间的断裂，产生了含有不同数量核小体单位的片段，这种染色质 DNA 片段大小是有规律的，即都为 180～200bp 的整倍数。因此，抽提其中的 DNA 进行琼脂糖凝胶电泳时，呈现出特征性的梯状条带谱型。DNA 电泳形成的梯状条带（DNA ladders）是细胞凋亡的典型特征，这个生化标志是目前检测细胞凋亡最重要的一种方法。

细胞凋亡的另一个重要特征是组织转谷氨酰胺酶（tissue transglutaminase，tTG）的积累并达到较高的水平，结果导致蛋白质聚合。这类蛋白质聚合物不溶于水，不为溶酶体的酶所降解，它们进入凋亡小体，有助于保持凋亡小体暂时的完整性，防止有害物质的逸出。tTG 是依赖于 Ca^{2+} 的酶，由于在正常的活性细胞中 Ca^{2+} 浓度较低，tTG 的活性也较低。当凋亡开始时，Ca^{2+} 浓度上升，从而使 tTG 活化。因此，tTG 只在不再分裂的、已完成分化的细胞中处于活性状态。

三、细胞凋亡的分子机制

研究发现，所有的动物细胞都有一种相类似的控制细胞凋亡的机制，即通过一个自杀性蛋白酶家族的介导，这种蛋白酶在诱导程序性死亡信号的作用下通过自我切割而激活。激活的自杀性蛋白酶又可激活家族中的其他成员，引起蛋白质酶解的级联反应。在该反应系统中，上一级信号激活下一级的一个关键蛋白质，并快速将其水解，使信号得以放大。最后被激活的蛋白酶切割了正常细胞与凋亡细胞相关的关键蛋白质，如核纤层蛋白，从而快速引起有控制的细胞凋亡。

上述反应中自杀性蛋白水解酶是天冬氨酸特异性半胱氨酸蛋白酶（cysteine aspartic acid specific protease，caspase）。由于 caspase 家族的成员较多（在人类，已经鉴定了 10 种不同的 caspase），它们作用时分成一些亚组被激活，每一组 caspase 对应不同的激活信号。目前认为 caspase 有两类，一类是起始者（如 caspase2、caspase8、caspase9、caspase10），另一类是执行者（如 caspase3、caspase6、caspase7），它们之间存在着上下游关系，即起始者活化执行者。起始 caspase 在外来蛋白质信号的作用下被切割激活，激活的起始 caspase 再对执行者 caspase 进行切割并使之激活，被激活的执行者 caspase 通过对 caspase 靶蛋白的水解，导致细胞的凋亡。

细胞凋亡途径的信号可来自相邻细胞。如果细胞外的信号促进细胞凋亡，则属于死亡的正控制；若细胞外信号抑制细胞的凋亡，则是死亡的负控制。除了外部信号能激发细胞凋亡外，细胞内源信号（如 DNA 损伤、细胞质中 Ca^{2+} 浓度过高、极度氧胁迫产生大量的氧自由基等）也会激发细胞的凋亡。在内源信号中也有促进细胞凋亡的正控制信号和抑制细胞凋亡的负控制信号。至于细胞内源信号是如何传递细胞凋亡信号的机制，目前尚不清楚。

由上可见，细胞凋亡与细胞坏死在形态学、生化反应的改变、分子机制、细胞结局等方面都有本质的区别（表 10-2）。

表 10-2　细胞凋亡与细胞坏死的比较

比较内容	细胞凋亡	细胞坏死
质膜	不破裂	发生破裂
细胞核	固缩，DNA 片段化	弥漫性降解
细胞质	由质膜包围形成凋亡小体	溢出，细胞破裂成碎片
细胞质生化改变	溶酶体的酶增多	溶酶体解体
蛋白质合成	有	无
基因活动	有基因调控	无基因调控
自吞噬	常见	缺少
线粒体	自身吞噬	肿胀
诱发因素	生理性信号	强烈刺激信号
对个体影响	生长、发育、生存所必需	引起炎症

四、细胞凋亡与衰老

细胞凋亡与衰老的关系是相当复杂的问题，两者既有联系又有不同。

多数学者认为，衰老是因为细胞凋亡失调引起的。细胞凋亡消除了细胞中误差的积累，从而维持了有机体正常的生长发育过程。细胞凋亡的失调是导致衰老的主要原因。一些事实说明，细胞实现凋亡的能力随年龄增长而下降，衰老伴随的肿瘤发病率的上升可能是细胞不能实现凋亡引起的。

然而，对于某些组织和器官来说，细胞凋亡又往往伴随着衰老，例如，男人的心室肌细胞在正常衰老时丧失 1/3，大部分是由于坏死，也有相当一部分是由于凋亡；大脑皮层的神经元在衰老时丧失 10%；老年性痴呆病也伴随着神经元的大量丧失而发生。但是，遗传学的研究却不支持上述关于细胞凋亡在衰老中起关键作用的观点，认为长期以来在对衰老和凋亡的遗传基础的研究中，尚未发现相互重叠的基因。

总之，有关细胞凋亡与衰老的复杂关系还有待于进一步深入的研究。

思　考　题

1. 癌细胞为什么容易转移？

2. 为什么吸烟群体的肺癌发生率较高？酗酒者及肝癌患者的肝细胞都会发生增殖，简述其不同的诱发机制。

3. 细胞分化能否改变细胞的基本遗传物质？

4. 白血病是由一些基因突变引起的癌症，引起白细胞产生过多，平均发病年龄要早于其他癌症。这种情况如何解释，依据是什么？

5. "癌细胞是单克隆的"这句话的含义是什么？

6. 什么是干细胞？有何特点？

7. 从转录水平简述基因差异表达的调控机制。

8. 如何判断细胞的死亡？

9. 自由基如何对细胞产生伤害？

*第十一章　细胞工程简介

【学习目标】

1. 了解细胞工程相关的基础理论和基本知识。
2. 理解细胞工程中各种技术的基本原理、技术路线和方法。
3. 了解细胞工程中各种技术的应用。

自 1857 年法国微生物学家 Pasteur 证实酒精发酵是由酵母引起之后，生物工程便得到了迅速发展，特别是 20 世纪 70 年代以后，随着基因重组、细胞和组织培养、酶的固定化、生化产品的分离纯化等技术的研究和发展，生物工程更是迈向了一个新的台阶，并广泛应用于食品、医药、农林业、畜牧业等领域，极大地推动了社会的发展。

一般来讲，现代生物工程分为基因工程、细胞工程、酶工程、发酵工程和蛋白质工程，尽管每个工程侧重点不一样，但它们之间却是相互渗透，彼此关联的。在现代生物工程中，细胞工程是应用极为广泛的一门技术，许多生物工程中里程碑式的成果都与细胞工程有关，这章简要介绍细胞工程的基本概念和细胞工程的理论与实践。

第一节　细胞工程的基本概念

细胞工程（cell engineering）是指应用细胞生物学和分子生物学的原理和方法，通过某种工程学手段，在细胞水平或亚细胞水平上，按照人们的意愿来改变细胞内的遗传物质或获得细胞产品的一门科学技术。因此，细胞工程的目的就是创造新品系，从细胞中分离提取人们所需要的生物化工产品或应用于其他未知领域。例如，通过细胞融合技术，可以培育出新物种或新品种，打破传统的只有同种生物才能杂交的局限，实现种间的杂交；通过细胞大规模培养可以生产各种生物制品，如药用产物、食品添加剂、化工产品或干细胞特异组织；通过胚胎移植不仅可以推动制药、器官移植等医学领域的变革，还可以扩大家畜繁殖数量，改良家畜品种，促进畜牧业生产的快速发展等。

总之，细胞工程涉及的领域非常广泛，分为细胞培养、细胞融合、染色体工程、胚胎工程、核移植与重组技术等几个部分。

第二节　细胞工程的理论与实践

一、细胞培养

植物细胞培养（plant cell culture）指在离体条件下，对制备的细胞进行培养，使其增殖，从而获得大量细胞群体的过程。植物细胞培养的理论依据是植物细胞的全能性（cell to-tipotency）。1902 年，德国植物生理学家 Haberlandt 提出植物体的每一个活体细胞都携带有一套完整的基因组，并具有发育形成为完整植株的潜在能力，即植物细胞的全能性假说。但由于当时实验条件的限制，这一假说并未得到证实。直到 1958 年，英国学者 Steward 通过体细胞胚胎发生途径将胡萝卜髓细胞培养成为完整植株后，这一假说才得以证实。随后，印度学者 Guha 培养曼陀罗花药并成功地获得了再生单倍体植株，从而开创了通过花药培养进行单倍体育种的新局面。

动物细胞培养始于 20 世纪初。1907 年，Harrison 在无菌条件下用淋巴液作为培养基，培养蛙胚的神经组织，观察到神经细胞突起的生长过程；1951 年，Earle 发明了体外培养动物细胞的人工合成培养基；Pomerat 设计了灌流小室，使细胞生活在不断更新的培养液中，便于做显微摄影和细胞代谢的研究；1957 年，Graff 用灌流技术进一步提高了细胞悬浮培养的效率；同年，Dulbecco 等人采用胰蛋白酶消化处理的方法，获得了单层培养的细胞。20世纪 60 年代后，动物细胞大规模培养开始起步并逐步发展。

1. 细胞培养方法

（1）植物细胞培养

① 植物单细胞的制备　植物单细胞制备的方法通常有机械法、酶法和愈伤组织诱导法等。

机械法主要是通过机械磨碎的方法来获得游离的单细胞。该方法获得的细胞数量少，效率低，目前在生产中一般不采用这种方法。

酶法是目前获得单细胞最有效也最常用的方法。由于植物细胞壁的主要成分是纤维素和果胶，因此可用纤维素酶和果胶酶等专一性水解酶对叶片进行解离，从而释放出游离的单细胞。

愈伤组织是指将母体植株的一部分接种在特定的培养基上，培养一段时间后由伤口处长出的一团无规则、均质的细胞群体。愈伤组织中细胞之间的连接比较松散，所以也可以通过愈伤组织的液体悬浮振荡培养获得单细胞。

② 细胞培养　植物单细胞培养采用的方法有看护培养法、微室培养法和平板培养法等。

看护培养法指用一块生长活跃的愈伤组织来看护单个细胞，使其能够生长、增殖的方法。具体方法为将一块愈伤组织接种于灭菌的盛有培养基（培养基主要成分为无机盐类、氨基酸、维生素、糖类、植物生长调节物质、蒸馏水和琼脂等，pH5.8）的三角瓶中，在其上放置一片无菌滤纸，再将单个细胞接种于滤纸上，封口后放到恒温培养箱进行培养，温度为 25℃±2℃。该法培养的细胞易于成活，但不便进行显微观察。

微室培养是先把带有一凹穴的载玻片及配套的盖玻片灭菌，然后在无菌条件下，往载玻片凹穴中滴加一滴单细胞悬浮液，盖上盖玻片，再用熔蜡或四环素膏封口（留通气孔），最后置于恒温箱培养的方法。用该方法培养的单细胞，能在显微镜下清楚地观察到细胞生长和分裂过程中各种细胞器的变化。

平板培养法是把细胞与熔化后即将冷凝的琼脂培养基均匀混合，平铺在培养皿中进行培养的方法。平板培养广泛地用于细胞、原生质体及其融合产物的培养。细胞和原生质体的培养密度一般为每毫升 $1 \times 10^3 \sim 1 \times 10^5$ 个。

以上几种方法一般用于植物细胞的小规模培养。为了获得大量有用的植物次生代谢产物，生产中常用全自动控制的大容积生物反应器对细胞悬浮液进行培养，培养的方法包括分批培养和连续培养。分批培养指植物细胞在含有固定体积培养液的容器中进行培养的过程。整个过程中由于养分的不断消耗，细胞生长速度也在不断地发生着变化，表现为明显的由慢到快，再由快到慢，最后死亡的过程，因此整体细胞增殖速度较慢。而连续培养则是在保持培养液体积不变的情况下，伴随着悬浮培养物的流出会流入新鲜的培养液，使得养分得以不断补充的过程。在整个培养期间，细胞生长速度都保持在最大值，增殖速度快。因此，连续培养是实际生产中一种重要的培养方法。

当然，目前在植物细胞大规模培养中仍存在很多问题，如长时间培养易遭到污染、细胞数量增加后会聚集成大团块、生产成本较高等。今后，随着反应器结构和工艺的进一步优化，这些问题应当会得以解决，细胞大规模培养也将会发挥它更大的作用。

（2）动物细胞培养

① 动物单细胞的制备　动物单细胞制备的方法有酶法、机械法和螯合剂解离法。目前最常用的方法是酶法，即将动物胚胎或幼龄动物的器官、组织取出后，放在含抗生素的平衡盐溶液中，在无菌条件下，用胰蛋白酶或胶原酶解离主要成分为胶原蛋白、层粘连蛋白、纤粘连蛋白和弹性蛋白的细胞间基质，使组织分散，获得单个细胞。

② 细胞培养　动物细胞培养所用的液体培养基与植物细胞培养所用的培养基在成分上有所不同，条件更为苛刻，培养液中除了含有葡萄糖、氨基酸、无机盐和维生素之外，还需要动物血清。培养液 pH7.2～7.4，培养设备为 CO_2 孵箱，温度 37℃左右。

单细胞培养的传统方法有微室培养法、灌注小室培养法、旋转管培养法和平板培养法等。动物细胞微室培养法、平板培养法与植物细胞微室培养、平板培养的方法类似。

灌注小室培养法是将细胞接种于上下两个盖玻片和金属圈密闭形成的小室中，在小室的两侧有液体流入和流出的小口，以保证培养液能够供应的一种较原始的培养方法。

旋转培养法指把动物单细胞接种在管状培养器皿中，然后固定于特定旋转装置上进行培养。该方法可以明显促进培养器皿内外气体的交换。

在动物细胞的大规模培养技术中，除了血液白细胞、淋巴组织细胞和某些肿瘤细胞可以采用悬浮培养之外，其他大部分哺乳动物细胞只有附着在固体或半固体表面才能生长，所以一般采用微载体培养或多孔载体培养等方法，在此不做介绍。

2. 细胞培养在生产中的应用

（1）植物组织培养　根据植物细胞全能性学说，植物的器官、组织、细胞甚至是去除了细胞壁的原生质体都可以进行离体培养，称为广义的植物组织培养。植物组织培养技术可应用于优良品种的快速繁殖、病毒的脱除、单倍体育种、种质资源的保存及遗传转化等方面，其中离体快繁和脱毒应用最多，效果也最明显。

对于一些常规繁殖困难的植物，通过组织培养不仅大大加快了它们的繁殖速度，而且繁殖过程不受季节和时间的限制，在短时间内可以获得大量遗传性状一致的幼苗。多种植物如兰花、康乃馨、香蕉、草莓等已经应用于组培工厂化生产中，并取得了良好的经济效益。

许多植物的母体植株受到病毒的侵染后，会通过无性繁殖的方式传递给下一代，造成产量和品质的严重下降，如柑橘的衰退病和黄龙病、葡萄的扇叶病、草莓的病毒病及马铃薯的退化病等曾使许多国家的农业生产遭受巨大的损失。目前还没有治疗植物病毒病的有效药物，但在感病植株大小约为 0.3～0.5mm 的茎尖中却几乎不存在病毒，因此可以通过微茎尖离体培养来获得脱毒苗，这种方法也已应用到实际生产中。

（2）植物次生代谢产物生产　随着野生植物资源的破坏和日益短缺，通过传统的分离提取方法制备食品添加剂、杀虫剂、精细化工产品等次生代谢产物已满足不了市场的需求，利用植物细胞生物反应器大规模培养技术生产产品成为缓解这一矛盾的有效途径。如从红豆杉悬浮细胞培养液中可提取抗癌药物紫杉醇；从紫草细胞中可以提取治疗烧伤和痔疮的紫草宁；从青蒿细胞培养物中提取治疗疟疾的青蒿素；培养甜叶菊细胞可提取甜度极高的天然甜味剂，用于食品添加剂；万寿菊的培养细胞中可以分离农药噻吩烷；通过银胶菊液体悬浮细胞大规模生产提取橡胶等。

（3）疫苗和干扰素　疫苗是动物细胞大规模生产技术应用最为成熟的一种产品，是预防乙肝、百日咳、乙脑和狂犬病等传染病的有效药物。根据制备方法不同，疫苗可分为灭活疫苗、减毒活疫苗、基因重组疫苗和核酸疫苗。目前我国生产的乙肝疫苗均为基因重组疫苗，即通过基因工程技术，将乙型肝炎表面抗原的基因片段导入到仓鼠卵巢细胞内，进行细胞大规模培养后，从培养液中分离纯化乙肝表面抗原，然后加入氢氧化铝制成成品。也可构建含有乙肝表面抗原基因的重组质粒，转化到酵母细胞中大量培养，从产物中纯化乙肝疫苗。

干扰素是一组具有多种功能的活性蛋白质，可以从白细胞、成纤维母细胞、T细胞或重组细胞的大规模培养产物中制取。在医学中是治疗慢性乙肝、丙肝等疾病的抗病毒类药物。它本身并不能直接灭活病毒，但糖蛋白具有多种生物活性，在组织细胞受到病毒侵染后，能够调节机体免疫应答系统作用，抑制病毒的复制，使血清转氨酶恢复正常，达到治疗的目的。

（4）干细胞　干细胞是一类具有自我更新和分化潜能的细胞，包括胚胎干细胞和成体干细胞。胚胎干细胞指具有分化发育为几乎所有类型组织和细胞能力的细胞，主要由早期胚胎中获得，所以在伦理方面存在很大争议，目前只处于实验研究阶段。成体干细胞指成体组织内具有分化成一种或一种以上类型组织和细胞能力的未成熟细胞，虽然成体干细胞只能分化为特定的细胞或组织，但由于来源丰富，体外诱导条件也相对成熟，因此在临床治疗中得到了广泛的应用。

干细胞经过培养后分化形成的特异细胞，可以用于组织和器官的修复再生。如用神经干细胞治疗神经变性疾病帕金森综合征，用胰岛干细胞治疗糖尿病，利用心肌干细胞修复坏死的心肌等。此外，通过胚胎干细胞和基因治疗相结合的技术，可以矫正缺陷基因。当发现早期胚胎由于某种基因的缺陷将会导致基因缺陷病时，就可以收集部分胚胎干细胞，通过基因工程技术用正常的基因取代干细胞中的缺陷基因，再将修复的胚胎干细胞嵌入到胚胎中，可以生产出正常的婴儿。由于干细胞可以治疗多种传统医学方法不能治疗的疑难杂症，因此成为生命科学中的一个研究热点，有着广泛的应用前景。

二、细胞融合

细胞融合（cell fusion）又称体细胞杂交（somatic hybridization），指不同亲本的原生质体在人工控制的条件下，相互融合形成杂种细胞的过程。形成的杂种细胞经过再分化培养，可以创造出新物种或新品种。细胞融合是克服植物有性杂交不亲和、打破物种之间的生殖隔离、扩大遗传重组范围的一种有效手段。细胞融合最初是在动物细胞中发现的，19世纪30年代，Muller、Schwann、Virchow等科学家相继在肺结核、天花、水痘和麻疹等疾病患者的病理组织中观察到多核细胞；1849年，Lobing在骨髓中也发现了多核现象的存在；1958年，Okada发现紫外线灭活的仙台病毒可引起艾氏腹水癌细胞彼此融合；1978年，德国的Melchers博士首次获得马铃薯与番茄的属间体细胞杂种，并得到杂交株"马铃薯番茄"。

1. 细胞融合技术

（1）原生质体的制备

① 植物原生质体的制备　由于植物细胞具有细胞壁，所以常用酶解法制备原生质体，即用复合酶制剂，如纤维素酶类、半纤维素酶类、果胶酶类、崩溃酶或蜗牛酶对细胞或组织进行酶解，释放出原生质体。

② 动物单细胞的获得　动物细胞没有细胞壁，但细胞间存在胶原蛋白、层粘连蛋白等连接物质，因此用胰蛋白酶或胶原酶解离胞间基质，可获得动物单细胞。

（2）原生质体融合　原生质体融合后所形成的融合细胞，含有来自不同亲本的细胞核，因此又称为异核体。植物异核体获得的方法有无机盐诱导融合法、高 Ca^{2+}-高 pH 与聚乙二醇结合法、电融合诱导法等，动物细胞融合用的方法主要是灭活的仙台病毒介导法。

无机盐诱导原生质体融合是 1972 年 Carlson 发明的方法，并用这个方法获得了第一个体细胞杂种。由于硝酸盐对原生质体有毒害作用，且该法诱导融合频率非常低，目前已很少使用。

聚乙二醇（PEG）是一种多聚化合物，略带负电荷，PEG 能促进原生质体融合是华裔加拿大籍科学家高国楠（1974）发现的。高 Ca^{2+}-高 pH 溶液是甘氨酸-NaOH（pH9～10.5）缓冲液与 $Ca(NO_3)_2$ 溶液的混合物，PEG 与高 Ca^{2+}-高 pH 溶液结合使用可以明显提高原生质体的融合频率。

电融合诱导法是 1979 年 Senda 建立的一种原生质体融合技术。当两亲本原生质体位于电融合仪所产生的交流电场中时，瞬间高强度的电脉冲会促使质膜表面的电荷和氧化还原电位发生改变，导致质膜破裂而形成融合体。电融合诱导法具有操作简便、融合率高、对原生质体伤害小的特点。

仙台病毒又称为日本血凝病毒，能够促进动物细胞融合，其作用机理为病毒质膜的融合蛋白可介导病毒与动物细胞表面的受体结合，也可介导动物细胞与动物细胞靠近并发生融合。

（3）杂种细胞的筛选与鉴定　两亲本原生质体进行融合处理后，产生的细胞并不都是杂种细胞。如将烟草与大豆的原生质体融合后，在细胞混合物中不仅有烟草-大豆杂种细胞，还有烟草细胞、大豆细胞、烟草-烟草细胞、大豆-大豆细胞。因此，要对融合后的细胞进行筛选，分离出杂种细胞。常用的方法有机械分离法、互补选择法与双荧光标记选择法等。

机械分离法主要是根据两亲本细胞在形态、色泽上的差异，将细胞接种在带有小格的培养皿中，每个小格中约放 2～3 个原生质体，在显微镜下就可以找出杂种细胞。

互补选择法即利用杂种细胞与亲本细胞在生理生化性状上的差异，将杂种细胞筛选出来的方法。互补选择法又分为白化互补选择、营养缺陷互补选择、抗性互补选择和代谢互补抑制选择等。

双荧光标记选择法用异硫氰酸荧光素标记原生质体，亲本的一方在荧光显微镜下发出苹果绿荧光，另一方会发出红色荧光，融合细胞则同时发出这两种荧光，再通过微量吸管把融合细胞挑选出来。微量吸管挑选效率低，目前在动物细胞融合中已应用一种荧光活性细胞分类装置（FACS），可以将双荧光标记的细胞融合体从混合群体中自动捡出来。

将融合细胞分离出来之后，接种在特定培养基上进行增殖，再经分化培养长成杂种植株，最后还要对杂种植株进行形态学、细胞学、同工酶或遗传质等方面的鉴定，以保证获得的植株为真正的杂合体。

2. 细胞融合技术在生产中的应用

（1）创造植物新物种或新品种　在过去的几十年中，细胞融合技术已取得很大的进展，据不完全统计，有 46 科 160 多属 360 多种植物的原生质体培养获得成功，有些已获得了再生植株。在有性繁殖不亲合的属间体细胞杂种中，典型的例子有番茄＋马铃薯和甘蓝＋白菜。科间体细胞杂种有粉蓝烟草＋大豆，但因烟草大豆融合体的染色体不稳定，还未能获得再生植株。所以，尽管近年来通过原生质体融合获得新物种或新品种已取得了重要进展，但仍有很多问题尚未得到解决，随着研究的进一步深入，细胞融合技术将会在生产中发挥更大的作用。

（2）单克隆抗体的生产与应用　哺乳动物受到抗原感染后，血清中会产生相应的抗体，由于这些抗体是由不同克隆的 B 淋巴细胞产生的抗体混合物，所以称多克隆抗体，即抗血清。长期以来，人们为了获得抗体，通常把某种抗原反复注射到动物体内，然后从动物血清中分离，用这种方法制备抗体，不仅产量低，而且抗体特异性差，纯度低。

1975 年，英国科学家 Milstein 与德国科学家 Kohler 在英国剑桥大学将抗原注射到小鼠体内，从脾脏中获得能够产生抗体的 B 淋巴细胞，然后与小鼠骨髓瘤细胞在灭活的仙台病毒诱导下进行融合，再在特定的选择性培养基中筛选出杂交瘤细胞。由于杂交瘤细胞继承了双亲细胞的遗传物质，不仅具有 B 淋巴细胞分泌专一性抗体的特点，而且具有骨髓瘤细胞无限增殖的能力。这样，在体外条件下大规模培养或注射到小鼠腹腔内增殖，就可以从细胞培养液或小鼠的腹水中提取出大量的单克隆抗体（制备流程见图 11-1）。这一技术的诞生把细胞融合技术从实验研究阶段推向了应用研究阶段，促进了动物细胞工程的蓬勃发展。两位科学家也因创立单克隆抗体生产技术而荣获 1984 年的诺贝尔生理学奖和医学奖。

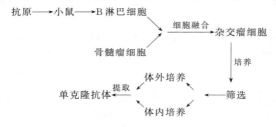

图 11-1　单克隆抗体制备流程

单克隆抗体的应用十分广泛，可以用作临床诊断试剂，在体外测定病人血、尿或分泌物中各种特殊蛋白质的含量，以判断机体是否感病。国内外已有多种单克隆抗体实现商品化，制成单抗诊断盒，有的已投放市场。最早商品化的单抗是妊娠诊断试剂，它用于检测尿中是否存在人绒毛膜促性腺激素。

另外，单克隆抗体本身也可以起到治疗作用。比如，将抗癌细胞的单克隆抗体与放射性同位素、化学药物或毒素结合，然后注入体内，就能在原位检测并杀死癌细胞，而其他正常的细胞不会受到伤害，所以单抗又被人们誉为对付癌症的"生物导弹"。

三、染色体工程

1. 染色体工程概念

染色体工程（chromosome engineering）指按照预先的设计，有计划地添加、削减、替换染色体的全部、部分或添加、削减染色体组以达到定向改变生物遗传性状、选育新品种的目的，是从染色体水平改变生物体遗传组成的一门技术。染色体工程目前主要应用于植物的遗传育种领域。在高等动物中，由于动物大多数是雌雄异体，染色体稍微不平衡，就容易引起代谢紊乱、不育，甚至使个体不能生存。如人类的染色体结构发生缺失后易引起"猫叫综合征"；第 22 号染色体与第 14 号染色体易位后会引起慢性粒细胞白血病；幼儿增加一条 21 号染色体会患有"21-三体综合征"（先天愚型）等。

2. 染色体工程的应用

（1）多倍体育种 染色体组指形态、功能各不相同，但是携带着控制一种生物生长发育、遗传和变异全部信息的一组非同源染色体。当植物体细胞中含有两个染色体组时称为二倍体，当体细胞中含有三个或三个以上染色体组时称为多倍体。

多倍体按染色体组的来源不同又分为同源多倍体和异源多倍体。自然条件下的同源多倍体指在配子产生过程中亲本细胞发生了异常减数分裂，造成两个配子或其中一个配子染色体数目不减半，通过自交而形成。如马铃薯是天然的同源四倍体，香蕉是天然的同源三倍体。同源四倍体由于染色体数目的增多，与二倍体相比一般表现为茎秆粗壮，叶片、果实和种子都比较大，糖类和蛋白质等营养物质含量高的特点。在实际生产中为了获得同源四倍体，常采用二倍体染色体加倍的方法，染色体加倍的化学药剂主要是 0.02%～0.1% 的秋水仙素，其诱导染色体加倍的机制在于能够阻止细胞有丝分裂过程中纺锤体形成，使已经纵裂的染色体在后期不能分开到两个子细胞中，从而获得重组核。三倍体是高度不育的，一般只有果实，种子退化，因此可以通过培育三倍体获得无核品种。目前已经获得了三倍体无籽西瓜、无核葡萄及不产生飞絮的三倍体毛白杨等。

异源多倍体是指含有不同来源染色体组的多倍体。多倍体植物中大多数都是异源多倍体，其中两个典型的例子为普通小麦和八倍体小黑麦。普通小麦是异源六倍体，获得普通小麦的具体方法是以一粒小麦（AA）和拟斯卑尔山羊草（BB）为亲本进行杂交，得到的种间杂种经过染色体加倍形成双二倍体（AABB），双二倍体再与方穗山羊草（DD）杂交，得到的种间杂种再经过染色体加倍形成双二倍体（AABBDD），经过进一步的演化，最后形成普通小麦（AABBDD）（图 11-2）。

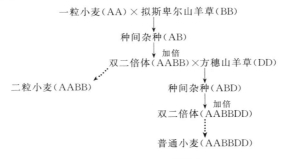

图 11-2 普通小麦制种流程

八倍体小黑麦是 20 世纪 60～70 年代，中国遗传育种学家鲍文奎经过 30 多年的研究育成的。他用普通小麦（AABBDD）与黑麦（RR）杂交，然后对杂种（ABDR）进行染色体加倍，成功地培育出异源八倍体小黑麦（AABBDDRR）（图 11-3）。八倍体小黑麦不仅穗大、粒重、产量高，而且具有品质好、抗逆性强的优点。目前已在贵州、甘肃等地区引种成功，推广面积约 100 万亩（1 亩≈666.67m²）以上。

（2）单倍体育种 单倍体指体细胞只含有该物种配子体染色体数目的植株。与正常的二倍体相比较，单倍体植株一般形体矮小，花器官小，高度不育，本身在生产中没有任何价值，但在育种上却有着特殊的意义。用人工诱导的方法使单倍体植株染色体加倍，可以获得

图 11-3　异源八倍体小黑麦育种过程

纯合的二倍体，不仅有利于隐性基因的表达，而且可以避免后代性状分离，大大缩短了育种年限，一般只需两三年时间就可得到一个稳定的纯系品种。获得单倍体的方法有远缘杂交、辐射、化学诱变、花药花粉培养或未受精子房的离体培养等，其中花药花粉培养是生产中最常用的方法。据 1996 年不完全统计，已有 10 个科 24 个属 250 多种高等植物的花药培养获得成功，其中有 50 多种是我国首先培育成的，采用花药离体培养与常规杂交育种相结合的手段，在"七五"和"八五"期间育成了许多水稻、小麦和油菜新品种，在生产上发挥了重要作用，并取得了显著的经济效益和社会效益。

四、胚胎工程

1. 胚胎工程概念

胚胎工程（embryo engineering）指对哺乳动物的胚胎进行某种人为的工程技术操作，然后让其继续发育，获得人们所需要的成体动物的一种技术。主要包括体外受精、胚胎移植、胚胎分割及胚胎融合等技术。

体外受精指将雌性激素注射进雌性动物体内，促使其超数排卵，然后把卵细胞从母体中取出，培养成熟后，在试管内特定的环境条件下使其与获能的精子结合成受精卵的过程。"精子获能"现象是由美籍华人生殖生物学家张明觉在做兔的体外受精试验时发现的，他指出只有从母兔生殖道内取出的精子才能在体外与卵子受精，而取自附睾的精子不能在体外完成受精作用，说明精子在受精前需先在母兔生殖道内发生相应的生理变化。之后，随着精子获能机制的逐渐解析，可以在精子培养液中添加钙离子或血清蛋白等完成体外获能。

胚胎移植是指受精卵在体外发育到囊胚期后，再移植到同类动物的子宫中使其发育成个体的过程，即通常所说的"借腹怀胎"。

胚胎分割指在显微镜下进行操作，将早期胚胎切割成数等份，再移植到受体母畜中，从而生产出多个后代的技术。利用胚胎分割技术不仅可以使胚胎的数目成倍增加，扩大胚胎利用率，而且可以获得性状完全一致的后代。

胚胎融合又称为胚胎嵌合，指将两枚或两枚以上的胚胎融合在一起，使之发育成一个胚胎，然后移植到受体母畜中发育形成嵌合体后代的过程。如将同一种类的黑鼠和白鼠胚胎融合后可以获得多个黑白相间的花鼠；将不同种的绵羊和山羊的胚胎融合，可以获得具有绵羊和山羊双重性质的新品种——"绵山羊"。

2. 胚胎工程的应用

随着体外受精和胚胎移植技术的不断成熟，胚胎工程也逐渐地由实验室走向工业化生产，极大地推动了畜牧业的发展。哺乳动物如牛、羊等，妊娠时间长，产仔数量少，繁殖速度慢。而通过胚胎移植可以获得比自然繁殖多十几倍甚至几十倍的后代，扩大了良种的推广范围，增加了珍稀濒危品种的数量。同时，胚胎冷冻保存技术的成功，使胚胎移植不再受时空的限制，在国际和国内进行交换时，可以完全代替活畜引种，大量节省了购买种畜的费用。

"试管婴儿"是胚胎工程的又一个杰出应用。1977 年英国科学家 Steptoe 和 Edwards 创造出首例试管婴儿；1988年，我国第一代试管婴儿诞生于北京医科大学。试管婴儿技术主要用来解决由于输卵管堵塞、粘连或精子活力低等引起的不孕不育问题，尽管已有不少成功的例子，但由于体外培养的环境不能完全模拟体内环境，仍然存在着种植率低和怀孕率低的情况。

五、核移植与重组技术

1. 核移植与重组技术概念

核移植与重组技术（nucleus transplantation and recombinant technology）指利用显微操作技术将一种动物的细胞核移入同种或异种动物的去核成熟卵细胞内，让细胞核与细胞质重新组装，从而获得无性系克隆或新物种的一门技术。该技术主要包括供体核的制备、卵细胞去核、核卵重组等操作要点。

供体细胞核的制备方法是首先将器官或组织进行机械切割，用胰蛋白酶溶液水解一定时间后，解离出单个的细胞，然后在显微操作仪下用微量吸管将细胞核吸出来。

卵细胞去核的方法有盲吸法、离心法和紫外线照射法等。盲吸法指用微细玻璃管在第一极体下盲吸，吸除第一极体及处于分裂中期的染色体和周围部分细胞质的方法，该法成功率较低。离心法是对卵母细胞进行离心，在不同渗透压梯度下将核分离出来的方法。两栖类细胞一般采用紫外线照射法达到去核的目的。

核卵重组是在显微操作仪操纵下，用移植针吸取供体细胞核并注入去核的受体卵母细胞中的过程。

2. 核移植与重组技术的应用

核移植与重组技术主要应用于创造新物种和克隆动物等方面。20世纪60～70年代，中国科学家童第周运用核移植技术，去除鲫鱼未受精卵细胞中的细胞核，从鲤鱼的囊胚细胞中吸出细胞核，然后把鲤鱼囊胚细胞的核移植到去核的鲫鱼未受精卵中，经过精心培育，获得了属间杂种"鲤鲫鱼"。该鱼不仅具有鲫鱼肉细味美的特点，同时也具有鲤鱼生长迅速的特点。经鉴定，鲤鲫鱼的肌肉蛋白质含量比鲤鱼高 3.78%，脂肪含量比鲤鱼低 5.58%，生长速率比鲤鱼快 22%。这种鱼已在全国各地推广养殖。1997年，英国科学家在世界权威杂志"Nature"上首例报道了世界第一只克隆羊"Dolly"的诞生。"Dolly"绵羊的培育过程是：将一只母绵羊（A羊）卵细胞核中所有的染色体吸出，得到不含遗传物质的卵细胞；然后将实验室里培养的另一只母绵羊（B羊）的乳腺上皮细胞的细胞核注入到去核的卵细胞中，进行电激融合，这样就形成了一个含有新的遗传物质的卵细胞，融合后的卵细胞开始卵裂，形成早期的胚胎；然后，把这个胚胎移植到第三只母绵羊（C羊）的子宫内，让它继续发育。胚胎发育成熟后，C羊就生产了小母绵羊"Dolly"（图11-4）。这只小母绵羊的遗传性

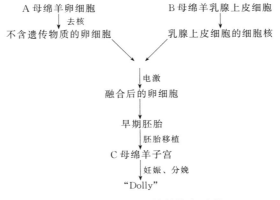

图 11-4 "Dolly"绵羊培育过程

状与 B 羊的完全相同，这说明高度分化动物体细胞的细胞核，仍然具有全能性，在合适的条件下，就可能发育成为新的个体。

到目前为止，尽管核移植技术发展较快，已获得多种动物的克隆体，但该技术还存在许多问题，如核移植成功率普遍比较低、费用昂贵、死亡率高、易早衰等，因此距离大规模生产还有一定距离。此外，关于克隆人产生的社会、伦理问题也是制约该技术发展的一个重要影响因素。

可以看出，作为生物工程重要分支的细胞工程，已经取得了令人瞩目的成就，同时，也相信随着细胞生物学、分子生物学、遗传学等相关学科的进一步发展和相关技术体系的逐步完善，细胞工程领域的成就将会日新月异。

思 考 题

1. 什么是植物细胞培养和动物细胞培养？有何区别？
2. 什么是干细胞？干细胞培养有什么意义？试举例说明。
3. 简述单克隆抗体大规模生产的技术步骤。
4. 染色体工程在植物育种中的应用有哪些？
5. 查阅相关文献资料，谈谈你对胚胎工程和核移植技术对人类影响的认识。

参 考 文 献

[1] 刘凌云等. 细胞生物学. 北京：高等教育出版社，2002.

[2] 翟中和等. 细胞生物学. 北京：高等教育出版社，2000.

[3] 王运吉等. 细胞生物学. 北京：中国轻工业出版社，2000.

[4] 高文和. 医学细胞生物学. 天津：天津大学出版社，2000.

[5] 罗深秋. 医用细胞生物学. 北京：军事医学科学出版社，1998.

[6] 韩贻仁. 分子细胞生物学. 第 2 版. 北京：科学出版社，2001.

[7] 李先文等. 细胞生物学导学. 北京：科学出版社，2004.

[8] 安布罗斯 E J 等. 细胞生物学. 北京：科学出版社，1978.

[9] 郑国锠. 细胞生物学. 第 2 版. 北京：科学出版社，1992.

[10] John W. 金布尔. 细胞生物学. 北京：科学出版社，1983.

[11] 杨抚华，胡以平. 医学细胞生物学. 北京：科学出版社，2002.

[12] 凌诒萍. 细胞生物学. 北京：科学出版社，2001.

[13] 陈绳亮，李天宪. 了解病毒. 北京：中国农业出版社，2004.

[14] 潘锋，赵彦. 病毒的故事. 北京：中国社会科学出版社，2003.

[15] 汪堃仁等. 细胞生物学. 第 2 版. 北京：北京师范大学出版社，1998.

[16] 王金发. 细胞生物学. 北京：科学出版社，2003.

[17] 汪德耀. 普通细胞生物学. 上海：上海科学技术出版社，1998.

[18] 汤雪明. 医学细胞生物学. 北京：科学出版社，2004.

[19] 人民教育出版社生物自然室. 生物. 第 2 版. 北京：人民教育出版社，2000.

[20] 宋今丹. 医学细胞生物学. 第 3 版. 北京：人民卫生出版社，2004.

[21] 陈诗书，汤学明. 医学细胞生物学与分子生物学. 上海：上海医科大学出版社，1995.

[22] 李志勇. 细胞工程. 北京：科学出版社，2003.

[23] 吴庆余. 基础生命科学. 北京：高等教育出版社，2002.

[24] 李俊明. 植物组织培养教程. 北京：中国农业大学出版社，2002.

[25] 翟中和等. 细胞生物学. 第 3 版. 北京：高等教育出版社，2007.

[26] 韩贻仁等. 分子细胞生物学. 北京：高等教育出版社，2008.

[27] 潘大仁. 细胞生物学. 北京：科学出版社，2007.

[28] 陆瑶华. 生命科学基础. 济南：山东大学出版社，2001.